自在独行的 你

ZIZAI DUXING DE NI

王飞鸿 著

北京日报出版社

图书在版编目（CIP）数据

自在独行的你 / 王飞鸿著 . —— 北京：北京日报出
版社 , 2022.2

ISBN 978-7-5477-4003-3

Ⅰ . ①自… Ⅱ . ①王… Ⅲ . ①青年心理学 Ⅳ .
① B844.2

中国版本图书馆 CIP 数据核字（2021）第 133755 号

自在独行的你

出版发行：北京日报出版社

地　　址：北京市东城区东单三条8–16号东方广场东配楼四层

邮　　编：100005

电　　话：发行部：（010）65255876

　　　　　总编室：（010）65252135

印　　刷：三河市祥达印刷包装有限公司

经　　销：各地新华书店

版　　次：2022年2月第1版

　　　　　2022年2月第1次印刷

开　　本：710毫米×1000毫米　1/16

印　　张：16

字　　数：180千字

定　　价：48.00元

序言

　　写下这个题目，感觉更像写自己，它亲近、自然、贴心，与我零距离分享把喧嚣关在门外时的种种体验。必须承认，孤独与我相互为伴。如同许多人喜欢呼朋唤友谈天说地、开怀畅饮一样，我喜欢独处，对喧嚷、嘈杂甚至过于热情的人会产生逆反情绪。就心理学而言，我是一位准孤独症患者，且醉心其中，当然我会正视孤独，正确驾驭孤独；就哲学而言，孤独是一种心灵渴求，给我带来难得的人生体验。

　　作为社会中普普通通的一分子，我没能力也不愿将自己升华到看破红尘的地步，不避世则意味着参与社会，与社会密切接触。偶尔与朋友聚会，我想融入交流中，却缺乏精力又不知从何说起，只好一个人坐在角落里，一副病恹恹的模样。一旦进入独处模式，思绪就变得格外缜密专注，一杯清茶、一缕亮光、一段音乐，我会在畅快、清醒中阅读、写作，与另外的一个我对话。这种独处，让我内心柔软、平和、安然，像丝绸随微风拂过脸面；让我持开放心态，在平淡冷静中对外界越来越宽容。

谈及孤独，很多人把它与寂寞、郁闷、焦虑、空虚、无助联系在一起，有时还充满诗意地加上一个"冷"字。这是大多数人对孤独的主观感受，他们只在乎"本我"的需求，没触及心灵范畴。换句话说，他们宁肯眼巴巴地望着良田里长满杂草，也从没想过把它改造成五谷丰登的模样。孤独可以激发灵感，调动身体内的潜在能量，凡·高、尼采、叔本华、康德等一大批文艺家、哲学家在孤独中创造出了人类经典。

说到底，人生本就是一场孤独的旅行，拥有孤独，便具备超越自我的潜在能力，想要调动它，需要付出巨大的努力。卡夫卡似乎领悟得很透彻，他曾说："与其说生活在孤独之中，不如说我在孤独中享受快乐。与鲁滨孙的孤岛相比，这块区域显得美妙无比，充满生机。"

人在旅途，来去皆匆匆，有些人正在孤独中反复挣扎，有些人则从容淡定。一个人的世界是贫瘠、肤浅、粗鄙，还是生机盎然、满园春色，取决于你对孤独的态度。你选择了什么，结果便会对号入座。换句话说，你种下芝麻，不会收获西瓜。

在很多人看来，孤独是一种不愉快的负面情绪体验，若处理不当，将出现严重后果。至于产生的原因，多种多样，例如环境因素、情感缺失、自恋、缺乏自信等。本书中，我将结合切身体会及生动的案例，主要从心理学、哲学等角度剖析孤独，唤醒每一位有孤独感的人正确认识孤独，继而充分利用孤独，提升自己的社会价值与社会存在感。

目 录

1
CHAPTER
审视：对孤独的理性认知

2
CHAPTER
绽放：与孤独握手言和的最低门槛

3
CHAPTER
滋养：在独处中喜欢自己

4
CHAPTER
暖心：我们的处世情怀

5
CHAPTER
找寻：也许你不够自信

6
CHAPTER
格调：一个人的丰富多彩

1

审视：对孤独的理性认知

孤独是一份高贵的生命养分，于潜移默化中让我们华丽转身。当孤独出现，不必惊慌失措，它是你提升生命质量与个人品质的契机。与孤独友好相处，用心感受孤独存在的价值，你便能真正认识另外一个自己。

生命是一场旅行，不孤独的有几人

01

接近午夜，简单洗漱后正欲睡觉，手机铃声打破了室内的静谧。滑动屏幕，朋友在另一端打招呼说客套话，声音略显疲惫，言语间似乎还能嗅出酒精的气味。

简单的开场白后，我问："大周末的，这么晚了，猫头鹰都已停止巡逻站岗，你怎么还没休息？"

朋友略显迟疑，好像在怀疑不该打这个电话。我补充道："吞吞吐吐或欲言又止，不是你的一贯作风。另外，我与你一样，也没有进入睡眠模式。两肋插刀不敢保证随叫必到；你说我听，我保证不会视为骚扰。"

可能语末的一点小幽默，唤醒了朋友想要继续表达的欲望，他清了一下嗓子，说："其实没什么事儿，就是回到家后一个人独处时感到很孤独，这种感觉说不出来也道不明白，却让我有种挫败感，情绪也随之低落到谷底。你在这方面有所认知，我就是想了解一下，这种表现是否是心理疾病的前兆。如果是，如何预防？"

显然，朋友出现这种感受，完全来自内心，与置身山林、旷野里的体验有所不同。具体来说，处于荒漠、孤岛、峡谷等人迹罕至的地方所带来的感受，不是孤独而是恐惧，是因为与外界隔绝而产生的绝望，这种感受不能称为"孤独"。

所谓"孤独"，心理学上是指未脱离社会群体，与他人接触或发生社会关系以后，因达不到心理预期而出现的一种感觉。通俗地说，我们通过日常生活和社会活动能感受到它，是我们与他人交往时产生的正常心理反应。

凭我对朋友的了解，他存在孤独感可以理解，但远没严重到患孤独症的地步。同数以万计有理想、有抱负的青年才俊一样，朋友不愿朝九晚五、一成不变一辈子，与另外两人一拍即合开了家公司。朋友性格外向，口才颇佳，会办事能办事，主抓公司业务，每天面对不同客户说不同的话，把客户们捧得心花怒放，在他及同人的努力下，业务量稳步递增，小公司的生意办得也算红红火火。

在外人眼里，朋友是位口吐莲花、激情澎湃、机灵聪明的干将。这是人的外在表象，是人适应社会、参与社会的基本技能，而每个人都存在另外一个"我"，当我们从社会大舞台上谢幕后，尤其是在独处时，另外一个我，于悄无声息中开始主宰我们的精神世界，孤独也就悄然出现了。

02

关于"我",奥地利精神分析学家弗洛伊德认为"我"由"本我、自我、超我"组成,他说每一个健全的人格,都建立在"本我、自我、超我"的基础上。"本我"与生俱来,代表原始冲动与欲望;"自我"是人格的心理部分,从本我的母体中分离出来,用于调节本我与超我之间的矛盾;"超我"处于领导地位,是人格结构中的管理者,属于道德层面。

如此诠释"本我、自我、超我",非专业人士难以理解,举个简单的例子,有个孩子路过一片西瓜地,看到浑圆成熟的西瓜不觉间满口生津,当他发现路边瓜棚里的看瓜人正在打瞌睡时,孩子的"本我"第一时间做出反应,想去偷摘西瓜,饱尝既甜又沙的滋味;"超我"不愿意了,偷摘西瓜是不道德的行为,这事绝对不能做;"本我"不服,与"超我"唇枪舌剑,各说各有理,正当吵得不可开交之际,"自我"出现了,对二者进行安抚,把矛盾降到最低程度。结果是孩子虽有偷西瓜的念头,但没有付诸行动。本我、超我握手言和,本我、超我、自我三者皆大欢喜。

朋友存在孤独感,同样可以用"本我、自我、超我"进行解释。孤独属于"本我","超我"开小差或去度假了,"自我"干着急没办法,导致孤独大行其道,他才出现这种体验。至于"超我"为何间歇性失职,是种种原因长期积累所致。工作中,朋友失去章法,各种应酬、交际、沟通等不可预知的麻烦随时有可能发生，扰乱了他生物钟的正常节奏，神经一直处于紧绷状态；生活上，他没有处理好工作与生活的关系，把工作与生活混为一体，忽略了身边的风景。

人有血有肉，有喜怒哀乐，有表达情感和发泄情感的权利，不能像机器一样日夜连轴转。换言之，工作是工作，生活是生活。工作需要付出，从而换取满足我们生存的基本资源，进而实现梦想；生活是避风港，滋养我们的肉体和心灵，为更好地工作补充能量。而在朋友的世界里，工作成了生命的全部，完全统治了生活，就像太阳霸占了黑夜，剥夺了我们在夜晚睡觉的权利。

由于他没有处理好工作与生活的关系，将二者合二为一，长此以往，心理无法承受，又疏于自我调节，才导致"超我"反应迟钝，孤独自然就乘虚而入。

03

人在自然选择中生存下来，占据食物链顶端的位置，说明我们足够强大，然而有时也会脆弱到哪怕蚂蚁发出的声响也会把我们击得千疮百孔、伤痕累累。孤独便是其中之一，它的出现，旨在暗示我们在爱、关怀、理解等方面有所缺失，需要我们及时补救，继而把自我的种种生理指标和心理指标调整到平衡状态。

朋友的现象不是个例，我、我们，许多人正在面临孤独的考验。竟争对手受到提拔重用，自己被冷落一旁，会产生孤独；十年寒窗，高考落榜，会产生孤独；应聘某一职位，未被录用，会产生孤独；爱慕某人，遭到拒绝，会产生孤独；自己品行纯洁、人格高尚，看不惯市侩、庸俗的人，会产生孤独。

奇怪的是，当有的学子考上心仪的名牌大学，或某人突然迎来"开挂"的人生时，同样会感到不可名状的孤独。因为他们在功成名就之前，与周围的人处在同一个心理环境中，彼此谈笑自如、相处融洽，谁也不比谁多一只眼睛或少一条胳膊；当他们高高跃起，周围的人还在原地踏步时，这些人就会产生嫉妒心理，甚至会说出尖酸刻薄的话。由于反作用，高中者被孤立。于是，成功者在成功的同时成了孤独者。

孤独如同影子一般与我们相生相伴，从远古到现代，从未消失过。李白用"举杯邀明月，对影成三人"写出了孤独的情怀；凡·高在痛苦中挣扎，把孤独描绘成绽放的向日葵；贝多芬拒绝低级活法，把孤独演奏成绝唱。《红楼梦》中的大观园热闹非凡，那里锦衣玉食、眉眼风流、举止洒脱的阔少和小姐们，给读者留下一个个孤独的印象。林黛玉是最惹人爱怜、最具孤独感的姑娘，就像潇湘馆里的瘦竹，凄清孤冷，她所写的诗句几乎都闪着孤独的幽光，其中《葬花吟》最为生动逼真；贾宝玉整天围着美女转，其实他是大观园里最孤独的人，他不喜欢男人，怕见客人，拒绝与官场打交道，再加上说过一些"混账话"，出家参禅已成定局；妙玉如同白雪里的一枝红梅，孤芳自赏、冰清玉洁，心里除了贾宝玉再无他人；惜春看破爱恨恩怨，不问世事，心系净土，古庙内独坐看经；香菱除了读诗写诗，再无其他慰藉，才有"根并荷花一茎香，平生遭际实堪伤。自从两地生孤木，致使香魂返故乡"的结局。

名人躲不过孤独，小说中的角色也不例外，普通人更是如此。我们惧怕孤独，惯用热闹掩盖真相，这样的生活如同舞台上不停旋转、跳动的红舞鞋，看似赏心悦目，一旦音乐骤停，孤独这杯酒就瞬间浸润全身，让每一个细胞都叫苦不迭。与孤独相处，每一个人都无法逃避，智者与它握手言和，平庸者则怨声载道、百无聊赖。

所以，生命进程中，自踏上时光列车，无论快速前进还是边走边欣赏沿途风景，都必须正视孤独。孤独不可怕，当它出现时，只要我们坦然面对，调适心态，孤独就不会是青面獠牙的鬼怪，它就像桀骜不驯的烈马，在我们的正确驾驭下，反而显现出几分温驯可爱，心甘情愿地驮着我们驰骋在精神和物质的世界里。当然，其中付出的种种艰辛，远非常人所看到的那般轻松。

活着就是要接连不断地体验新事物、独立思考并做出抉择，这是任何人都无法代劳的。朋友所言，有点杞人忧天的味道。还好，他意识到孤独的存在，标志着他正走向成熟。我好言安慰，朋友有所感悟，语气里流露出自信与坚韧。

我想，上苍赋予我们生命，也顺手植下了一份期待，它的别称叫"孤独"，需要我们离开群体或在群体中保持与自我对话才能感受到，当真正进入孤独状态时，说明自己得到了成长。

优秀灵魂的基本特质

01

在媒体上，但凡有关张爱玲的消息，往往会配上她本人的照片。其中，有一张拍摄于二十世纪四十年代的照片曝光度极高。照片中，张爱玲衣着典雅，一只手叉腰，另一只手背向身后，头部高扬，侧向一方，目光呈凝视状，而面部的细微表情里，多多少少流露出些许喜悦与忧郁。

眼睛是心灵的窗口，传递出一个人的心理信息。张爱玲在凝视什么？是对未来美好生活的向往？还是被前方景物深深吸引？在我看来，都不是，她在凝视自己孤独、苍凉而传奇的人生。

1944 年，张爱玲的第一本小说集《传奇》问世，书名非常符合她本人的身世与经历，只不过"传奇"始终回荡在孤独的旋律里。同年，张爱玲与第一任丈夫胡兰成低调结婚。张爱玲本以为找到了真爱，能托付自己的一生，未曾想胡兰成生性风流、用情不专，两年后两人的婚姻便走到了尽头。十年后，她在美国与年长她三十岁的剧作家赖雅结婚，这段婚姻波澜不惊，持续了十一年，直到赖雅七十五岁时去世。1995 年 9 月，张爱玲在洛杉矶的公寓里与世长辞，亲友回忆她生活的点点滴滴时，基本都围绕"孤独"展开，她也说过："在没有人与人交接的场合，我充满了生命的欢娱。"张爱玲喜欢孤独，喜欢孤独带来的静谧与淡然，她很少外出应酬，对周围邻里熟视无睹，像影子一样独来独往，偶尔路过附近的书店，只向橱窗里瞟几眼，从不会轻易进入。

相关人员在料理张爱玲的后事时，发现了一份遗嘱，她明确表示希望把自己的骨灰撒在荒郊野外，这个最后心愿是她对"苍凉"一词的完美诠释。

"苍凉"，张爱玲偏好的字眼，"……有一天我们的文明，无论是升华还是浮华，都要成为过去。如果我最常用的是'苍凉'，那是因为思想背景里有这种惘惘的威胁。"何谓"惘惘的威胁"，不过是一张大到无边的关系网，里面充斥着恩恩怨怨、悲欢离合、钩心斗角，也就决定了她文学的基本特征和悲观基调。正因为悲观，她爱用"苍凉"；心境苍凉，她孤独成殇。《倾城之恋》中的白流苏、《桂花蒸阿小悲秋》中的女佣、《连环套》中的霓喜、《鸿鸾禧》中的棠倩、《多少恨》中的家茵、《创世纪》中的潆珠等一系列女性角色，无不在孤独中挣扎，无不想借助现实摆脱孤独，岂知越挣扎越被孤独束缚。

与张爱玲有着三十年书信交往但生活中从未谋面的平鑫涛先生曾在一篇文章中这样写道："撇开写作，她的生活非常单纯，她要求保有自我的生活，选择了孤独，甚至享受这个孤独，不以为苦。对于声名、金钱，她也不看重。她通常是完成一部作品后，便不再去重阅，她就像是一个怀孕的母亲已将孩子生下来。"

可以说，张爱玲用一生的时间与孤独对话，早年的经历造就了她沉默、内向、孤僻的性格，战争创伤、爱情背叛，奠定了她在孤独中进行创作。她的作品像一面镜子，不仅照出她顾影自怜的姿态，还照出她苍凉孤寂的心境。她笔下的人物，大多是在孤独中走向悲剧的结局，胡兰成在评价她时说："放恣的才华与爱悦自己，作成了一种贵族气氛。"正是这种贵族气氛，决定了她一生孤独的命运。

张爱玲，一朵高冷、华贵、不愿坠入尘埃的玫瑰，将孤独演绎成一声声无可奈何的叹息。

02

1888 年，凡·高离开都市，来到法国南部的阿尔小镇，他瞬间被乡村的田野美景震惊了，他炽烈地流着泪向太阳奔跑，用生命追逐灿烂的颜色。当年，人类历史上伟大的油画作品《向日葵》系列诞生了。两年后的 1890 年 7 月，凡·高走向小镇外的一片麦田，拿出左轮手枪，对着自己扣动扳机，数天后他在弟弟提奥的怀里闭上双眼，年仅三十七岁。

美国传记作家、《凡·高传》的作者欧文·斯通在《凡·高书信选》的前言中说："文森特·凡·高是世上最孤独的人之一。"

是的。凡·高的一生，大部分时间孑然独处，身边既无朋友也无伙伴。在俗人眼中，他是疯子，是孤独的异类，没有人愿意听他讲述艺术道路上的欢乐与痛苦，没有人愿意分享他完成一件作品后的喜悦心情，而书信成了他与外界对话的主要途径，除偶尔写给朋友外，还写给弟弟提奥。书信有长有短，信中有对艺术的探索，有对人生的态度，有对外物的感受，更多时候则是写生活的点点滴滴，甚至有些写得婆婆妈妈。所幸的是，弟弟提奥把哥哥凡·高写给他的信完整地保留了下来，总计六百余封。这些信不单单传递了亲情与想念，更是凡·高六百余份沉甸甸的孤独。

当凡·高处于极端贫困的状态时，他对孤独的描述是："……最后几个夜晚，我不得不露宿，有一次睡在别人丢弃的废旧马车上，第二天醒来，马车上结了一层白霜；又有一次，睡在草垛旁，用干草盖在身上，我在那里度过了一个美妙的夜晚，虽然半夜下雨，但是雨水没有干扰我的睡眠。"当他生病后，是这样把孤独讲给弟弟听的："这个星期我特别担心头疼、牙疼会引起发烧，我不知道如何打发时光，只好躺在床上，差不多整整三天。"当渴望爱情时，他写道："走在大街上，我形单影只，看到那些花枝招展的姑娘从身边走过，我想和她们搭讪，想请某位姑娘共进晚餐，想开启一段浪漫的爱情之旅，可口袋里分文皆无。"当现实压得他喘不过气时，凡·高向弟弟诉苦道："我的情绪极不稳定，常常处于焦躁、忧郁之中。我渴望他人的认可，当得不到时，我只要离开画布和调色板，就对周围的一切变得冷淡起来，说出的话也非常刻薄。我不屑社交，与他们交谈，对我来说是一件困难而痛苦的事情。奇怪的是，只要我拿起画笔，心情马上就平复下来，精神高度集中在艺术的世界。"

一个人出现负面情绪后，需要及时调节，方法与途径多种多样，例如"意识控制"，提醒自己保持理性；还可以自我暗示"不值得发火，发火伤身体"；"自我鼓励"，用哲理、名言或励志故事鼓励自己；"自我安慰"，因达不到目标而产生失望感时，采用精神胜利法、塞翁失马法安慰自己；"转移目标"，分散注意力，从事其他事情；"宣泄不满"，遇到令自己感到不愉快或委屈的事，向亲人朋友述说或放声大哭，都有助于释放不良情绪。负面情绪直接作用于我们的心理健康，长期隐忍下去，它们会掉头攻击我们，导致我们心理失衡，从而做出极端行为甚至引发心理疾病。正如凡·高自己所言，当负面情绪积压到一定程度时，必须把它们宣泄出来，"如果我不能经常宣泄情绪，我想，我这台锅炉就会爆炸。"

绘画是凡·高驱赶孤独、宣泄情绪的主要途径。他疯狂地画速写、素描、草图，一张、一张又一张，画个没完没了，"我已经完成四幅挖土豆的大型初稿，"凡·高向弟弟说道："我对那些挖土豆的人进行加工润色，对此我很满意，我因自己的创作而快乐。"短短三十余字，刻画出伟大艺术家的心路历程。只有在绘画时，凡·高才兴致勃勃，心情舒畅，没有孤独和忧郁，他说："这些日子，我的状态很好，长时间绘画一点儿也不觉得疲惫。之所以出现这种情况，主要原因是我的创作时机已经成熟，一旦灵感冲破枷锁，我就感到呼吸自由畅快，甚至连空气都带着丝丝甜意。"

03

简言之，孤独通常分为两种情况：其一乐于孤独，其二害怕孤独。乐于孤独的人是强者，他们面对孤独时不觉得悲哀，充分利用孤独追求心灵自由和精神升华，张爱玲、凡·高就是这样的人。

张爱玲式的孤独，更多时候是把孤独弃于一边，不闻不问，将其视为老屋墙角下不起眼的野花，任其自生自灭；凡·高式的孤独，之前我们误以为他惧怕孤独，在与《风车磨坊》《原野》《向日葵》系列、《自画像》系列、《吃土豆的人》《星月夜》《麦田乌鸦》对话，真正读懂这些作品后，才蓦然顿悟，凡·高对抗孤独，是对现实生活不满的痛苦表达，在他的心灵深处，早已把孤独当成精神盛宴，才画出一幅又一幅经典作品。

孤独是一杯不加奶的黑咖啡，苦得令人咋舌，叫人皱眉，不愿再饮下去，唯有慢慢品味，才能品出甘甜与醇香，让我们的味觉丰富起来。孤独可以让人脆弱，也可以让人坚强。有些人才华横溢，极具天赋，却被孤独击毁，沦为市井小民；有些人智力平平，行为木讷，却因为孤独，成就了与众不同的人生。

研究表明，人类大脑只开发了极小一部分，孤独能给我们提供充裕的时间去调动智慧余量。当被孤独困扰时，是潜意识在告诉你，你已具备优秀灵魂的特质，躲避与排斥是弱者惯用的借口，只有接纳和拥抱孤独，排除各种心理干扰和环境因素，你才能穿越迷茫，越走越自信，越走越优秀。

一种难得的人生境界与生命体验

01

在朋友圈刷到一条动态："长期一个人生活，并非孤独挟持了我，而是我主动拥抱了孤独。"乍看，一闪而过，并未在意。一天午后，困意袭身，小憩片刻，顿觉神清气爽，这句话倏然跳了出来，细细品味，趣意盎然。

"孤独"是抽象的，与高贵或卑贱无关。换句话说，乞丐与高官，在孤独面前是平等的。它神秘莫测、无影无形，看不到摸不着却又分明存在，伴随生命的各个细节，属于概念的范畴。不同的人因认知不同，在理解上有所不同：有些人视它为累赘，想方设法摆脱它；有些人把它视若珍宝，在心底的暖层里精心呵护它。

就哲学层面而言，孤独是一种品质，它典雅、高贵、纯粹，将浮世中的各种杂音和世相百态关在门外，既格格不入又独立寒秋，既可在喧闹中独享幽静又可将一个人的空间装点得有声有色，把个体带入智慧、美、自由、超凡脱俗的境界。就心理学而言，独处似乎违背了人类集群而居的自然属性，但不妨碍它的主观能动性。心理学上常用"心理动机"分析个人行为，通俗地讲，你是否热衷于与周围的人进行交流，由话题、观念、立场及言行举止等诸多因素决定，当这些因素无法吸引你的注意力时，你便进入孤独状态。随着这样的情形逐渐增多，你会在潜移默化中喜欢上孤独，享受孤独带来的种种实惠。因为你的空间里只有你，你怎么做怎么行，完全是在取悦自我，不用顾及他人的感受，也不用刻意为避免尴尬或冷场而寻找话题，更不用强颜欢笑、机械地插入其他人的生活圈里。这样的孤独，能让我们在危机四伏的世道里获得安全感和存在感。

真正能够享受孤独的人，内心丰盈如一盏黑暗中点燃的灯，照亮现在与未来，他们用自己的方式拥抱所爱的对象，比如读书、健身、旅行……或者用文字记录所思所想。很多作家、艺术家，为了完成作品，主动去寻求孤独。心理医生弗罗姆·瑞茨曼对此做出精妙的解释，他说："在我们的潜意识里，为了逃避孤独，许多人不计成本与代价，往往做出许多超出自我想象的事情。"此语看似具有盲目性，实际上应该以理性的方式进行理解，它提醒我们，要将时间转移到创造、思考上，充分利用孤独，完成自我救赎。

02

多年前读过罗曼·罗兰的《约翰·克利斯朵夫》，序言中有一段话，大概意思是，当他达到文学创作的巅峰状态时，许多人问他对人生、艺术、生活的理解，为此他陷入无法自拔的孤独之中。今天想来，我愈发能理解这种孤独。大师的孤独，属于个人，也属于对人类精神的探求。

罗曼·罗兰的孤独，锁在巴黎市中心五层楼的一所小屋里，他闭门谢客，书籍是唯一的伴侣。为寻求心灵慰藉，十年里，他严格要求自己每天睡眠时间不超过五小时，除了基本生活所占用的少量时间外，把大部分时间用在读书、写作上，他对知识的渴求简直到了贪婪的地步，文学、历史、诗歌、哲学、音乐、建筑等门类的书籍无所不读。

长时间"与世隔绝"，加之营养不良、缺乏锻炼，他身形消瘦、脸色苍白、眼眶深陷、指尖细长。朋友偶尔来访，不忍目睹他的境况，好心劝慰他从自我封闭中走出来，哪怕去公园散步或到郊外呼吸一下新鲜空气，罗曼·罗兰均用自己的方式予以回绝。巴黎上空暮色四合之际，偶尔有琴声传出窗外，是他难得的自我调节方式。

这位把自己囚在狭小室内的"苦行僧"夜以继日付出的心血，远远超出我们的想象，正是这种自我孤独，不受世俗之气侵蚀，他才能从容不迫地创作出《名人传》《约翰·克利斯朵夫》等经典著作。

我，一位智慧贫乏，偏偏心气高还不开眼的悲观的理想主义者。

"悲观"一词听起来很阴郁，许多人敬而远之，动辄把它与遇到困难就想逃避联系到一起，此类想法较狭隘，我的悲观来源于对未来的不确定及对痛苦与快乐的根源的反复拷问。

"理想"这个词很高尚，每个人在意气风发的年代，都曾把它挂在嘴边慷慨激昂过，后来随着岁月的变迁，许多人的理想逐渐被时光挤得渺茫。我务虚、执拗，只认准心性指出的路。在以"柴米油盐"为核心的岁月里，我如同傻瓜相机般对着理想"咔嚓咔嚓"顶礼膜拜，有时还沾沾自喜，以为自己占了便宜。当理想敌不过一碗面汤带来的实惠时，我蜕变为异类，偶尔还收获点恭维，但同时我要承受对方转身暗骂这人"脑子进水"或"有神经病"的代价。

有血有肉，有独立想法，我不敢出门，怕影子掉到烂泥里遭路人肆意践踏，只得把自己一个人关起来，暗自洋洋得意。我偏好黑夜，喜欢到毫无底线，甚至可以为之放弃或奉献一切，因为夜把世界抹黑，高尚与卑鄙一个样儿、博爱与吝啬没有分别、战争与和平都睡在母亲的摇篮曲里。这时，一盏台灯，一杯绿茶，夜愈发妖娆妩媚，几乎要勾走人的魂儿。绿茶这种被"污染"的液体，在舌苔上绽放的一瞬，罗曼·罗兰的孤独开得灿烂而忧伤。

与罗曼·罗兰不同，哲学家维特根斯坦用另一种方式走上孤独之路。1889 年，维特根斯坦出生在奥地利的一个犹太家庭里，后来加入英国籍。维特根斯坦的父亲想把儿子培养成工程师，于是把他送到航空工程学校。在学习数学的过程中，维特根斯坦研究了数学基础问题，阅读了当时英国哲学家罗素的《数学的原理》，从而激起学习哲学和逻辑学的兴趣。1911 年，维特根斯坦来到剑桥大学，师从罗素，学习逻辑学。1919 年，他的《逻辑哲学论》出版，在哲学界引起轰动，极大地推动了现代哲学从认识论向语言学的转向。

维特根斯坦终身未婚，与孤独为伴，一生基本在辗转旅行中度过。他的父亲是欧洲数一数二的富翁，维特根斯坦认为财富是祸根，所以把他继承的遗产全部送给了别人。他曾隐居乡间，当过小学教师，从事过园丁、医院的看门人等职业。1947年，维特根斯坦以"不堪忍受教授的生活"为理由，辞去剑桥大学教授的职务，独自一人来到爱尔兰西海岸的一间海边小屋，同渔民为邻，与海鸟谈心。

　　放弃名利，看淡光环，维特根斯坦非同寻常，非常人有非常"体"，也有非常"行"，他做到了。正因为他行为怪异，想法偏离大众的基本认知，大众对于他的评价也是褒贬不一，有人认为他是圣人，有人认为他是天才，也有人说他是疯子，还有人说他是白痴。"没有谁比我更了解自己，外界的评价仅存在于表象之中，他们只看到社会中的我、群体中的我，真正的我在我的世界里"，维特根斯坦用"我享受孤独，在孤独中度过了极其美好的一生"向世界发出哲学式的答复。

　　的确，幸福是一种心理体验，与占有物质的多寡无关，与在社会群体中扮演的角色无关，它与个人对生命的理解密切相连，属于一种阶梯式的感悟。对幸福的理解不同，幸福的存在感也就有所差别。维特根斯坦尊重内心，他是思考的、独立的、自由的、创造的个体，唯有在孤独中才能获得幸福。

03

夜已深，绿茶几乎见底，一枚叶尖在杯中翘首以盼。它想对我说点什么？与其对视足足三分钟，也不能准确理解它的真实意图。生活中，本来就有很多事情令人费解，守住本真的自己，不去猜想或许是最好的安排。有了这种想法，我随即关上电脑，草草上床睡觉。

可能是咖啡因和茶多酚携手偷走了我的睡眠，导致我的思维异常活跃。想睡觉却无法入眠，黑暗中，打开手机里的某款 App，乐曲《春江花月夜》在室内缓缓流淌。听着听着，故乡月下的情景在眼前浮现：明月挂在天宇，银色光辉笼罩大地，树木、村庄、田野都恬静地沉睡在月光的朦胧里，偶尔传来三两声犬吠，在提醒夜归人别走错了回家的方向。

夜色中，一个人流连于长江岸边，他陶醉在春江花月里，我醒在他的诗句里，"江天一色无纤尘，皎皎空中孤月轮。江畔何人初见月？江月何年初照人？人生代代无穷已，江月年年只相似。不知江月照何人，但见长江送流水……"诗人的眼眶有些湿润，生出一缕伤感，同时蕴含着丝丝甜意。他乐于享受此情此景，愿意永远守护这份孤独、宁静、悠远、美丽与伤感。

诗人张若虚的千古名篇《春江花月夜》，根据诗中提供的线索，毫无疑问，是在孤独中创作而成。

现代社会中，很多人被孤独撕咬，在孤独中挣扎，因为孤独，把自己折磨得面目全非，更谈不上追求远大理想与崇高目标了。直面现实，生活有时残酷得不近人情，所有的困难，都需要自己承担；所有的感受，无论苦辣酸甜，只能自己体验。从这个层面而言，孤独就是一个上下开口的玻璃容器，一端直通天堂，另一端连接地狱。当处在玻璃器皿中时，如果不能准确找到通往天堂的出口，内心的煎熬驱使我们像苍蝇一般横冲乱撞，把自己撞得遍体鳞伤；如果耐不住寂寞，经受不住考验，便会滑向瓶底，坠入痛苦的深渊；如果冷静看待周围的环境，认真分析当下的状态，则会找准方向，一飞冲天。

所以，面对孤独，应以理性的方式去接受它，罗曼·罗兰如此，维特根斯坦亦如此，张若虚也是这样。当孤独出现时，消极沉沦只能磨去当初的锋芒，于己百害无一利。其实它是一种难得的机遇，变孤独为动力，可以提高我们的人生境界和生存能力。

请尊重补偿心理

01

有个年轻人，他本质上缺乏精进精神，还很懒惰，总希望自己摇身一变成为富有者，过上衣食无忧、优哉游哉的生活。很遗憾，他的希望只能存在于想象中的小黑屋里，丝毫见不得阳光，哪怕有个针尖大小的孔洞，光穿透进去，也会毫不留情面，把幻想击得粉碎。

生活是什么？是让生命在现实中顽强活下去，还要活得有滋有味，活成亲人的骄傲、他人的榜样。年轻人不积极进取，整天白日做梦，他深爱的女孩丢下一句"没有异性喜欢缺乏上进心的你"，便负气离去。

年轻人很苦恼：想要过轻松的生活有错吗？他漫无目的地走到一条河边，腿脚有点累，顺势坐在岸边，望着悠然流去的河水，呆呆出神。

不知过了多久，年轻人的耳边传来一句话："年轻人，别想不开，你还有大把时间，一切都可以从头再来。"这个声音有些苍老。年轻人转头，看到一位老者站在身后。老者衣着朴素，干干净净，满脸皱纹像秋天里盛开的菊花，持久而精神。

他没有搭理老者，转过头，继续面对流水。老者没说什么，俯身坐在年轻人身边。时间如同流水，正一点点地流逝。过了许久，年轻人沉不住气了，开始对着流水说话。

整个过程，老者的表情时而凝重时而舒展，时而和颜悦色时而双眉紧锁。当年轻人把淤积在内心的苦恼一一倒出来后，似乎轻松了许多，脸上的表情不再阴沉，变得丰富起来。老者说："你的现在就是我的过去，我曾经像你一样，幻想着过上富有者的生活，甚至动过走歪门邪道的想法……"

老者的话引起年轻人的兴趣，未及他说完，年轻人便插话道："后来呢？"

老者耐心地讲述自己的经历。听完后，年轻人有些失望，说："您有一个好的平台和许多愿意帮您的人，我什么都没有。"

老者哈哈大笑，说："什么都没有并不可怕，可以通过努力去拥有。别告诉我，你连梦想都不曾有过。"

谈及梦想，年轻人侃侃而谈，说到动情处还闭上双眼，沉浸在成功的喜悦中。这时，老者把他从梦中叫醒，问："你为此付出过行动与努力吗？"

年轻人摇摇头，没了先前的底气，低声说："这个梦想太大，对我而言，如同癞蛤蟆想吃天鹅肉，根本不可能实现。"

老者说："有些癞蛤蟆敢于挑战，把不可能变成可能，最终吃到了天鹅肉。你武断地下结论，等于自卑与缺乏自信。"

"可我——"

老者又说："趴在地上的癫蛤蟆，的确永远吃不到天鹅肉。强健筋骨，不断挑战极限，越跳越高，那就一切皆有可能。你为什么不去练习跳跃？"

年轻人有所醒悟，回去后一改先前的状态，除干好本职工作，保障基本生存条件外，把所有业余时间全用在追求梦想上。与孤独相伴的日子里，他起得比鸡早，睡得比狗晚，活得比驴累，干得比牛多。付出总会有收获，年轻人在追求梦想的路上，越走越精彩，越活越自信，不仅过上了想要的生活，还挽回了女友的心。

想过优越的生活，本身没有错。年轻人异想天开，希望天上掉馅儿饼，满足自己的财富欲望，属于想要不劳而获的扭曲心理。退一步说，就算天上掉馅儿饼，也不一定落到他手心里；就算他行大运，侥幸捡到馅儿饼，谁能保证馅儿饼没毒？万一一命呜呼，白搭性命，岂不是财命两空？

所幸，年轻人遇到了扭转他认知的贵人，在老者的点拨下，正确认识到先前想法的荒唐，从而完成自我救赎。他从希望富有到通过实现梦想而获得，这种行为属于补偿心理，也称补偿定律。"心理补偿"作为调整心理平衡的一种内在动力，是指人们因为主观或客观原因引起不安情绪而失去心理平衡时，企图采取措施提升自己和表现自己，借以减轻或抵消不安情绪，从而达到心理平衡的一种内在要求。

补偿心理其实就是一种心理"位移"现象，即在某个方面没有获取自己想要的结果，转而通过其他途径进行弥补。补偿心理常常发生在生理有缺陷、心理自卑及有所缺憾者的身上。由于种种个人原因，他们会付出更多的努力去超越正常人或瞧不起自己的人。自卑感，往往是推动自己获得成功的动力。林肯出生低微，相貌丑陋，言行举止缺乏风度，对自己的缺陷很敏感。为了弥补缺陷，他从知识中获取养分，最终摆脱自卑心理，成为美国一位杰出的总统。

02

勃朗特有三个女儿和一个儿子，一家人生活在英国一处荒凉的高原上，过着与世隔绝的生活。这种闭塞的环境，在三姐妹幼小的心灵里埋下了孤独的种子，正是孤独，让她们自由飞翔在文学的天空里。大姐夏洛蒂·勃朗特创作出《简·爱》，二姐艾米莉·勃朗特创作出《呼啸山庄》，小妹安妮·勃朗特创作出《艾格妮丝·格雷》和《怀尔德菲尔府上的房客》（又译《女房客》）。

《呼啸山庄》的情节惊心动魄、紧张出奇。其中，凯瑟琳与希思克利夫之间的爱更是猛烈的、狂风暴雨式的，没有哪一部小说的主人公能像这部小说般爱得如此恣意、狂妄。中国绝美的爱情故事里，《孔雀东南飞》《牛郎织女》《梁祝》，都以悲剧来歌颂伟大的爱情。《呼啸山庄》拒绝这样做，男女主角之间的爱情尽管违背道德，但凯瑟琳没有因为婚姻的束缚而放弃源自本能的爱。

可能有读者认为艾米莉·勃朗特经历过爱情沧桑，才会在《呼啸山庄》里写出爱情的深邃与高度。事实并非如此，艾米莉·勃朗特喜欢孤独，就像一朵毫不起眼的花，生长在一望无际的原野上，她不易亲近，落落寡合，耽于幻想，喜欢独自散步，很难接受他人意见。自我封闭，性格偏执，再加上相貌并不出众，很难引起异性的注意，直到她在孤独中走完三十年人生路，也从未品尝过爱情的滋味。

一个从未谈过恋爱的人，把爱情描写成怒放的玫瑰，着实令人惊叹不已。对于爱情的理解，艾米莉·勃朗特只要进入她的专属梦幻世界里，便以飞蛾扑火的方式投身到爱情及纷繁复杂的故事情节里。

歌德说："哪个少女不怀春，哪个少男不钟情？"艾米莉·勃朗特也不例外，她也期待梦中情人骑着白马款款而来，牵着她微微颤抖的小手，开启浪漫之旅。然而现实很残酷，无情地剥夺了她恋爱的权利，她只得用另一种方式表达对爱情的渴望。艾米莉·勃朗特的行为，同样是出于补偿心理，即在生活中无法得到爱情，所以希望在精神世界里获得拥有爱情的满足感。

03

时光隧道里，我们从呼吸第一口空气到离开世界，生命短暂不过如星星眨一下眼睛。这一时间段内，我们每天忙忙碌碌，有多少人能真正停下来倾听内心的声音，又有多少人在为实现梦想而拼搏着？当生活挥动手中的皮鞭不停抽打我们，催促我们向前奔跑时，不过是为了赚到明天的饭钱而已，梦想早已被我们丢弃，只留一脸的茫然与无奈。

一个人是否优秀，观察他的独处时光便知分晓。在八小时的工作、学习时间里，大家都在忙；八小时以外的时光，决定了人与人之间的差距。心理学家把一个人的独处状态分为舒适区、恐慌区和学习区三种类型。舒适区里，人们会进行纯粹的消遣娱乐，比如刷手机、打游戏、看电视等，无任何压力，也不会给人带来成长与进步；恐慌区里，人们害怕孤独，产生焦虑，承受的压力超出正常承受范围，不利于身心健康；学习区是理想状态，人们可以结合自身情况，把独处的时间充分利用起来，从而提升自己的社会竞争力，这种做法也是出于补偿心理。

活着不易，活成自己梦想中的模样与活成别人眼中的你，有本质区别。前者主宰自己，你的人生由你自己设计，不容他人指指点点；后者如同道具，别人需要你时，你如同救星，不需要你时，你啥也不是。不妨检省自己，到底是为谁而活？独处时处在哪个状态？如果你还处在舒适区或恐慌区，不妨重新捡拾起梦想，为梦想做出行动，说不定在某个醒来的清晨，它便会开出花朵，因为上苍不辜负任何一位辛勤的耕耘者。

孤独者的魅力

01

奥黛丽·赫本是一个混血儿，她是英国国王爱德华三世的后裔。之所以搬出她的家谱，只是想说明血统有时能决定人生。第一次看《罗马假日》时，赫本的眼睛，瞬间照亮我的感官细胞；再看，朋友谈论派克的"真理之嘴"时，我依然被赫本的眼睛牢牢吸引。电影中的赫本，像生活在梦中，她忘记了自己贵为公主的身份，和派克一起穿越罗马的大街小巷，享受普通人的喜怒哀乐。

奥黛丽·赫本长有一双魅眼，凝睇时若清晨嫩草叶上不愿坠地的露珠，晶莹剔透；生气时似秋日私语，仿佛在低低轻释心中的忧郁；高兴时神采飞扬，散发出青春活力……总之，在赫本的眼中，看不到妩媚及欲望，时刻充满着坦诚、信任和善良。即便是十恶不赦的魔鬼，看到这双眼睛也会良心发现，彻底洗心革面。齐秦有一首赞美眼睛的歌，我曾认为它唱出了眼睛的神与灵，当我遇到赫本后，才发现那首歌不过是

"绽放着烟花的雨"。通常美丽的眼睛伴有幽怨的眼神，因为忧郁的美丽更能使人怜香惜玉，可赫本不是，不会"让炭火看了也哭泣"，她的眼中充满阳光、欢乐和感恩，让观众不忍把她与政治联系在一起。

对于美人的眼睛的描写，古典诗词歌赋中屡见不鲜，白居易的《长恨歌》中道"回眸一笑百媚生，六宫粉黛无颜色"，写出了杨贵妃的雍容华贵之美，其中"眸""笑"的极致为"媚"。"笑"在这里表达美的程度，属于外在美，而"眸"却传递出杨贵妃的内心世界。当然，白居易是通过文学艺术手法对杨贵妃的眼睛加以包装，赫本则借助光影，同样表现了眼睛的"魅"。二者有相同之处，结局却大相径庭。杨贵妃在马嵬坡香消玉殒，赫本出访罗马有时显得笨拙、幼稚，但始终保持着皇室的固有风范——高贵。

《罗马假日》是一部经典黑白老电影，自看过后，我就不敢再看赫本主演的其他电影，怕破坏对她的眼缘。有段时间，我对赫本在《罗马假日》中的表现一直存有心结，并非怀疑她对人物的塑造能力，而是搞不清楚她精湛表演的动力来自哪里。查阅相关资料时，一组黑白老照片使我大呼精彩。拍摄者叫理查德·阿维顿，是二十世纪最著名的时尚摄影师，曾给玛丽莲·梦露、肯尼迪夫妇、安迪·沃霍尔、毕加索、奥黛丽·赫本等政坛、文艺界名人大腕拍过照片。

那组照片中，有一张格外显眼。画面中，窗外下着雨，窗玻璃上的雨痕呈动态状滑落，窗内赫本表情淡然，身穿复古式黑色上衣，怀里斜抱着一只白色猫咪，向外眺望。还是《罗马假日》里的那双眼睛，瞬间流露出的脆弱与忧郁被理查德·阿维顿捕捉成永恒。我顿悟了，先前的疑虑烟消云散，赫本能将安妮公主演绎得惟妙惟肖，源于一颗孤独的灵魂。据说，赫本最为喜爱这张照片。如此给她贴上"孤独"的标签，许多人会说我草率、武断，事实证明我的判断没错。奥黛丽·赫本的次子卢卡·多蒂某次接受媒体采访时坦言，母亲的内心世界孤独如海。

赫本的孤独与所处环境无关，众星捧月也好，百鸟朝凤也罢，热闹气氛仅是表象。孤独植根于人性之中，是人性的基本属性之一，如同基因存在显性与隐性之分。呈显性者，容易表现出孤独的特质；呈隐性者，内在心理不易被人察觉。赫本当属于隐性孤独，她在悄无声息中散发出孤独者的魅力，也是吸引欣赏者们前赴后继的原因。

02

谈及孤独，哲学家最有发言权，他们并非地球上的异类，同样离不开社会关系，只是思想游离于社会关系之外。他们中间，大多数是孤独的代言人，因为孤独而超出了普通人的认知范围。德国哲学家尼采就孤独得格外耀眼，如同一颗明亮的寒星，高高悬挂在我们的精神世界里。

尼采五岁那年，父亲死了，孤独开始笼罩他的童年，除了与妹妹玩以外，他从不与其他同龄的孩子交往。长大后，尼采执教于巴塞尔大学，业余时间研究哲学。他曾游历法国、德国、意大利、瑞士等许多地方，希望寻找到梦想与生活的真相，面对残酷的现实，他痛苦绝望。有一次，尼采来到景色宜人的圭亚那，住在一栋楼房的顶层，听着泉水潺潺流淌，望着窗外夜色朦胧，他心情大好，完全陶醉在一个人的孤独世界里，随手写下："我是一束光，唉，如果我能化身黑夜该有多好啊！可惜，我注定无法自我改变，我永远在光的包围中挣扎和喘息，这就是我的孤独。"这是尼采对自身生活和内心世界的真实写照，他曾说过："我基本上每隔两个星期就创作出一首'孤独颂'，我要用语言中'可怕的美'把孤独完整地表现出来。"

的确如此，尼采的《查拉斯图拉如是说》《瞧！这个人》及其他散文、诗歌，基本都是对"孤独"的诉说。

奥地利作家斯蒂芬·茨威格曾这样评价尼采："尼采原本是一位和蔼、亲切，还有点软弱的人。准确地说，他是一位善良者，可他偏偏要通过斯巴达式的做法，强行把自己的后半生置于烈火中……他亲手毁掉友谊、社会关系和正常生活，任何一位试图接近他的人，都被他无情地推向对立面……他在贫困中挣扎，与世俗之人格格不入，他行为怪异，别人无法了解，其实只是为了保持自我的真实……尼采什么都不想干，更不愿意俯首向现实妥协，他把所有热情毫无保留地奉献给真理。"

为了追求真理，尼采心甘情愿陷入孤独的重围。孤独成为他坚不可摧的堡垒，他的贡献对后来的存在主义与后现代主义影响很大，这就是孤独者的魅力，他的著作像一块磁铁紧紧地吸引着我们，比那些眼花缭乱、目不暇接且毫无意义的各种消遣方式不知要强多少倍。

03

近来读美国作家理查德·巴克的《海鸥乔纳森》。这是一部成人童话，故事的主人公是一只海鸥，叫乔纳森。群体中，乔纳森特立独行，是海鸥中的异端分子，它的志向不在于低空盘旋，喜欢挑战碧空和遥远的天际线，它的老师、海鸥长老提醒道："天堂不是一个准确的地点，也不能用一段时间来计算。当你接近完美速度时，你在拥抱孤独，也在接触天堂。这个速度，并不是时速一千英里、一百万英里或光速，它是一个概念，无限完美的概念。"

乔纳森刻苦训练，终于有一天它领悟到海鸥长老的教诲，成为一只完美的、不受限制的海鸥。读着读着，我竟然出现身临其境的幻觉，仿佛自己也变成一只海鸥，与乔纳森一起进行孤独的空中之旅。

收回想象的翅膀，冷静思索，故事正是在剖析孤独的真相。乔纳森有猎奇、探险的心理，难道其他海鸥没有吗？它们肯定也有。但它们不愿意付诸行动，说到底无外乎是因为它们在借助群体对抗孤独。乔纳森摆脱原来的孤独，在浩渺无边的碧空中享受新的孤独带来的快乐与幸福；而其他海鸥只能伸长脖子，仰望天际，在惊羡中对乔纳森发出啧啧赞叹。这就是孤独者的魅力！

在孤独中寻找自己与安慰

01

美国作家、诗人马克·斯特兰德在《寂静的深度：霍珀画谈》一书中写道："面对霍珀的画作，为什么不同的人都会产生相同的感动？"国内某论坛曾以此为话题展开讨论，参与者踊跃发言，莫衷一是，有的从专业角度解答，有的说出直观感受，有的干脆给出"神回复"。其中有网友这样说道："因为我们都很孤独，在画中找到了自己。"

一语中的，至少我有同感。对于霍珀绘画中的社会发展动力元素，我并不在意，真正能引起我兴趣的是他的表现手法。爱德华·霍珀生于1882 年，卒于1967 年，是一位美国绘画大师，他的作品以写实为主，用颜料记录美国人真实的生活状态，被评论家们称为"垃圾桶画派"代表人物。他的绘画作品构造出一个与现实有所差异的另类世界，在我看来，这种表现形式本身就超越了现实，让观看者仿佛置身于一个由感觉和情绪所组成的虚幻空间里。

《自动贩卖店》绘于 1927 年。夜已深，一位女士头戴棕黄色帽子，身穿深绿色大衣，坐在黑木椅子上，前臂置于石面桌上，对面空着一张相同的黑木椅子，背景以黑色为基调，墙台上的托盘内装有红色物品作为点缀。黑色与明亮色搭配，造成视觉差异，重点在于刻画女士的孤独。画中，她端起咖啡，显得有些不自在，看样子不习惯一个人坐在公共场所，却出于某种原因不得不独自面对。这幅场景不陌生，我们曾在二十四小时不打烊的街边店里看到过或经历过。他的《自助餐厅里的阳光》绘于 1958 年，与《自动贩卖店》相比，似乎温馨了许多。餐厅内摆设简单，并没有让人产生压抑和不舒服感，侧重表现普通人的日常生活。画面中有一男一女两人，女生双手呈合拢式摊放在桌子上，正盯着面前的饮料呆呆出神；一旁的男生侧身扭脸，似乎想与女生打招呼，却一直犹豫不决。霍珀定格两人的瞬间，昭示了人与人之间的距离，这种距离是孤独与疏离的复合体。

　　创作于 1942 年的《夜游者》，仅表现了餐馆的一角。室内异常明亮，灯光穿过玻璃围墙投射到街面上，给人造成温馨的假象，街道上空阔寂寥，无一人行走。画面干净、冷清、寂静得让人有些不安。透过玻璃围墙，餐厅内的情景清晰可见，共有四人，一位身穿白色海军制服者为侍者，正弯腰仰脸取东西；另外三人围坐在环形餐桌旁，其中一位男士独自背对玻璃墙，还有一男一女坐在侍者面前，他们看起来比较陌生，也许是刚刚认识，没有那种熟悉的感觉。画家采取远景的画法，除背对画面者外，另外三人面孔冷峻，毫无表情，红衣金发女子在观看手中的一件小物品，她身旁的男子显得很绅士，正在与取东西的侍者交谈。整幅画无特殊之处，也缺乏点睛之笔。正是这种"无用之用"，恰到好处地表现出画中人都沉浸在自己的世界里。对于这幅画，霍珀曾这样介绍："我是从位于格林威治大街上一个街角的餐馆里获得的灵感……在那里我无意中看到了这座城市的孤独。"

《加油站》表现的场景，也是以孤独为主题，在画家笔下，孤独被呈现得强烈而令人神往。画布上，暮色四合之际，这座处在原始森林边缘的加油站是人类的最后一个驻足点，比白天的城市更容易让人产生亲近的感觉。此外，《宾夕法尼亚黎明》《车厢》《二楼上的阳光》《四车道公路》《海边房间》《空房间里的光》等作品，莫不以孤独示人。

霍珀画中的元素，或在街角、或在机场、或在餐厅、或在商场，人物或站在旅馆床边读信，或坐在酒吧独酌，或从行驶的列车的窗口朝外观望，或在旅馆大堂阅读。究其原因，是城市的单调、乏味和人们的隔离感、异化感，让他找到了创作主题。

在给朋友的信中，霍珀曾说："任何景物都有表现价值，被太阳晒得滚烫的沥青路面、停靠在街边的破旧汽车、雨后形成的水蒸气、呼啸而过的列车……所有沉闷、平凡的美国城市生活以及隐藏在阴暗处的种种东西，都是我表现的对象，它们有一个共性，叫作孤独。"

时隔半个多世纪，欣赏霍珀的画作，凝望这些熟悉的场景，于缄默中与自己相遇，孤独既挥之不去又一路伴我们风雨同行。原来霍珀将我们心灵深处所谓的秘密定型，给它们一方空间，让我们在它们面前暴露自己并与之产生共鸣，用心思量，原来是孤独消除了这些画作的年代感和距离。

数年前，"哥吃的不是面条，是寂寞"这句话红遍网络。今天，"一人食"成为时尚，独自吃饭不再尴尬，甚至让人自得其乐。关于"一人食"，相关人士给出"不孤独的食物美学"的定义，实则在孤独中吃出质量。当美食与孤独联系在一起，中国人给它取了一个好听而自信的名字，同时在社会学中多了一层意义。当然，无论怎么吃，都改变不了孤独的本质，"一人食"照样吃的是孤独。它的兴起直接宣告，群体生活方式被割裂的速度快到超出想象，单独就餐的无形"禁忌"也就轻而易举地突破底线，反映出个体与个体之间的疏离，有你有我也有他，这也是我们在霍珀的画作中找到自己的直接原因。

02

认识一位长辈，他早年去美国留学，那时美国人很不友好，对我们这个古老的东方国度常以"贫穷、愚昧、落后"冠之，他在歧视的目光中忍受着孤独。

长辈当时二十多岁，对艺术较为狂热，按他的话说，若不是父母反对，他这辈子可能会成为一名艺术家而不是医生。一天傍晚，他从另一个城市乘车来到纽约，拜访向往已久的艺术区——格林威治村。第一次来纽约，长辈一脸茫然，瞪大眼睛，对照地图和站名标识，生怕稍一疏忽就坐过站。终于到达目的地，他揣着激动的心走下公交，立即被巨幅广告和穿梭的汽车、行人搞得分不清东西南北，只好随人流不停地走。"艺术区"名不副实，长辈没看到心里设想的艺术，他有些懊悔。累了，他决定找个地方歇脚，于是进入一家酒吧。吧台内，一位中年白人女侍者面无表情地用抹布擦拭台面，四五个男人分坐在不同位置，谁也不搭理谁，似乎各自想着心事或什么也没想，只是无聊地坐在那里打发时间。

没有音乐，长辈掏出钱，放在柜台上，女侍者冷冷地推过一杯啤酒。长辈随便找个座位，默默喝起来，他越喝越无法忍受沉闷，可能是酒精发生了作用，他爆发了，对着女侍者劈头盖脸地问："你哑巴了吗？怎么不问大伙儿是否续杯？"

女侍者像耳聋一样没有回应，只用目光扫了他一下，该干吗还干吗。邻座一位工人模样打扮的身体壮实的男子，用牛一般迟钝的目光看了长辈一眼，瓮声瓮气地问："你从哪里来？"

总算听到了声音，长辈与他交谈，谈自己来艺术区的感受。聊着聊着，另外几人凑了过来，围绕这一话题发表见解。

那是一次难忘的经历，长辈告诉我，人在孤独、寂寞时，哪怕是陌生人的一声招呼，也会像沙漠中听到水声般给人以慰藉。

此后，长辈无论在酒吧、餐馆或其他聚会的地方，都喜欢跟身边的陌生人搭讪。他告诉我，你若留心，便会发现一个从事电器维修工作的人在和一位教数学的老师同桌对饮，他们旁边可能是一个杂志编辑在与一个建筑工程师侃侃而谈，窗帘设计师与美容美发工作者相谈甚欢……

至于交流内容，大多是无聊时的应酬之语，可听可不听，却被他们谈得津津有味。陌生人与陌生人之间出现和谐、亲切的场面，有一个事实不容忽视 —— 他们就是试图利用这种无关紧要的声音来覆盖内心的孤独，才会聚到一起。

有些人可能不以为然，付诸一笑，说这不是真正的孤独。我不这样认为，孤独带来的痛苦、忧伤、烦闷，表现形式因人而异，许多人并未意识到自己就是孤独的一分子。

03

朋友是位心理咨询师，经常接触各式各样的咨询者。这些人中有的对前途一片渺茫，有的正挣扎在失恋的痛苦中，有的被公司里的人际关系搅得焦头烂额。一桩桩、一件件，咨询者委屈得像失去母爱的弃儿，用渴求的目光看着我的朋友，希望从他那里获得安慰与力量。每次倾听，朋友都能强烈地感到：人，都躲不开孤独，面对孤独，许多人手足无措，才会出现茫然与无助。

生活中常常出现这种情形。从外貌和社会地位对某些人进行直观判断，会发现他们心理健全，生活美满，旁人不会把他们与孤独联系在一起。事实上，他们正处于孤独之中。你不妨观察一下，周围那些人缘好、热情好客、健谈的人，是否有类似情况。这些人属于社交型性格，随和、爽快、开朗，别人喜欢聚集在他们身边，与他们相处不会产生对立感。他们具有奉献精神，适应环境的能力比较强，在群体中一直扮演受欢迎的角色，他们出现在哪里，哪里就充满欢声笑语，俏皮话、流行语张口即来，有时即便违心，他们也要站在妥协点上，努力维持自己被他人期待的角色的样子。

这类人刻意保持外在形象，实际上是给内心的脆弱作伪装，他们中间很大一部分人惧怕孤独，因为一旦无法继续扮演被人期待的那个角色，就意味着失去在集体中的地位，继而陷入孤独和失落之中，所以他们才会努力表现自己，有时就算很累或不想说话，也要装出自己很阳光的模样。我确信，这类孤独在当下极具代表性。

夜晚，蛰伏在被窝里，回味与范俊告别时他说的话，不觉有些凄然。我因共同爱好认识范俊，与他成为好朋友，我们相处时无话不谈。他来到这座国际化都市，已整整十年。十年间，按他所说，这辈子所要经历的苦都已尝遍，所要看的繁华都已在眼中灿烂，人生黄金年龄里所要付出的激情都已慷慨奉献，现在只想回归原点，感受恬静带来的温暖。

我问："此一别，确信再无留恋与遗憾？"

他低头沉思片刻，嘴角挤出笑容，勉强而干涩，说："你继续见证这座城市的发展，别像我一样在他们眼中寻找与我感受相同的孤单。"

那一刻，我努力控制自己，不让泪水在眼中泛滥。范俊走了，走得彻彻底底，只把孤独留下，等待下一位追梦者接力体验。

孤独之于我们，如同蚕茧，我们是蛹，破茧成蝶，很难！孤独中，我们在霍珀的画作面前寻找自己与安慰。

孤独知道答案

01

列车飞驰在华北平原上，周正从郑州上车，靠过道而坐，邻座一女孩双眼紧盯窗外，时而抿嘴一笑，时而淡雅如菊，完全陶醉在沿途一闪而过的景物里。旅途无聊，两人攀谈。女孩叫乔娅，来自南方，专程到北方看海。

喜欢大海，为此跨越半个中国，无可厚非。周正有些不解，她生活在南方沿海城市，大可不必不远千里来北方看海。初次见面，周正不便对女孩舍近求远的做法刨根问底，两人有一句没一句地聊些其他话题。

终点为同一座城市，列车到站，周正帮女孩拎行李箱出站，两人分别，消失在陌生城市里。在宾馆二楼住下，简单清理一下随身物品，周正沿楼梯而下，刚到接待大厅，电梯门打开，走出一人，他下意识扭脸，发现那人竟然是乔娅，身上穿的短衫、牛仔裤换成了白色长裙。

车上偶遇，又住同一个宾馆。乔娅也很惊讶。天色尚早，沙滩上，乔娅用神秘的口吻问："你想知道我为什么来这里吗？"

周正微微一笑，说："如果我没猜错的话，你是来看与南方相比风格迥异的海。"

乔娅一边背对前方倒退而行，一边等待他下面的话。"北方的海粗犷豪爽，南方的海即便在狂风暴雨的鼓动下，也显得文质彬彬。你看惯了南方海的斯文，想来感受北方海的别样新鲜与刺激。"说到这里，周正停下脚步，用手指着面前一小动物，乔娅前行两步弯下身子。一只小螃蟹正在散步，周正说："你看，它行走的步态多像'霸道总裁'，而你先前所见的南方沙滩上的螃蟹一概温柔细腻如古装剧里的文弱书生。"

"胡扯！"乔娅笑得直不起腰。

周正补充道："莫非是为了某个难以忘却的纪念？"

乔娅好不容易收拢笑声，用手理了理被海风吹乱的头发，张开双臂，面朝大海，说："你甭瞎猜了，我的目的很单纯，没有你想得那么复杂，就是喜欢离开熟悉的地方，享受陌生环境带来的孤独感。在我看来，那种感觉妙不可言，可以让身心的压力彻底释放。"

孤独也能享受？正当周正为乔娅把孤独当成享受找借口之际，海风荡漾，海水托起白浪，海鸟低低飞翔，朵朵伞花与空中的云朵深情相望，游人或驻足拍照或接受海水的洗礼。乔娅早已脱掉鞋子，扬起长发，夕阳在她的白色长裙上镀了一层玫瑰金，她轻盈得像个天使，或小跑，或跳跃，或蹲下身子双手轻拍水面。此刻，在她眼里，孤独是一朵朵顽皮的、嘻嘻哈哈的浪花，正追逐着她的脚丫。她与它们玩耍在芬芳的时光里。

宋代高僧释普济在《五灯会元》中记载，灵山会上，大梵天王给佛祖献上金色菠萝花，请佛祖说法。佛祖一言不发，神态安详、从容不迫，拈花示众，众人与神不解佛祖深意，佛祖大弟子摩诃迦叶尊者心领神会，破颜为笑。禅是一枝花，孤独亦是如此。孤独不是寂寞，而是一种适度脱离群体，进行自我救赎的过程。享受孤独，孤独就是一朵微笑的花，没有企图，拒绝邪恶，滋养心灵，让人性返璞归真。

可人们往往对孤独有误解，就像周正不理解乔娅对孤独的认知一样。在我们的传统印象中，能够享受孤独的人并非凡人：卢梭因孤独写出《一个孤独漫步者的遐想》，牛顿因孤独产生了改变世界的众多发现……难怪叔本华会说"走向孤独是伟人的宿命"。事实并非如此，与孤独和平相处，摆正心态，就能达到幸福快乐的目的。

享受孤独，只是给自己一个与心灵对话的机会，重新认识自己。我们可以像梭罗一样享受瓦尔登湖畔的寂静，也可以像乔娅那样因追寻孤独而内心丰盈，甚至可以穿越霓虹闪烁而心无旁骛。作为普通人，从孤独中体悟到能让自己在游走于责任、欲望和自我之间始终保持平衡的方法，就足够了。

02

在毫无征兆的情况下，小蕊切断与外界的联系，仿佛一下子神秘消失了。朋友圈里炸开了锅，她丈夫萧泊然打遍了朋友的电话，得到的答案几乎相同："她没和我一起，也没跟我联系。"所有努力都换不来任何有效信息，她的丈夫近乎崩溃，只得向警方求助。警方回答，无特殊情况，成年人失踪，二十四小时后才能立案。

萧泊然情绪失控，大闹警局，说警方不作为。警方能理解他的心情，好心安慰，萧泊然听不进去，依旧不依不饶，警方给出警告，他才在朋友的强制下离开警局。

一夜无眠，小蕊的手机还处于关机状态，萧泊然头发蓬乱，眼窝深陷，满面愁容，在房间内不停地走来走去。朋友担心他发生意外，陪他一夜未合眼，看着他焦急不安，朋友善意提醒，让他放松神经，冷静冷静再冷静……"能冷静得下来吗？一个大活人说消失就消失，这事儿要是摊在你头上，你能冷静吗？"萧泊然劈头盖脸，怼得朋友不再作声。

上午十点刚过，桌上的手机铃声骤响，朋友惊呼是小蕊打来的。萧泊然从窗前闪电般地冲过来，抓起手机。数分钟交流后，他的心态彻底转变，身子一软，躺倒在沙发上。

小蕊没失踪，没出现意外，一场虚惊就此烟消云散。原来，小蕊是去郊区散心游玩了。当她洗漱完毕后，打算给丈夫打电话，号码刚拨出去，手机却突然电量耗尽关机了。她认为等手机充完电再打也不迟，小蕊又累又困，躺在床上不知不觉睡着了。第二天早晨，小蕊竟然忘记还欠丈夫一个电话就离开农家乐，徜徉在乡村美景中。当她再次想起这件事，已是上午十点，这时终于开机给丈夫打电话……

说来，小蕊不是那种特立独行的人，她从小到大缺乏安全感，害怕独处与孤单。她敢迈出大胆的一步，独自面对陌生环境，与近来发生的事情有密切关系。同众多把生命中最美好的青春奉献给异地的打拼者一样，小蕊与丈夫在这个让他们既爱又恨的城市里扎下根，成为新一代市民。每月仅房贷、车贷这两项必需的支出，就让小夫妻不敢随心所欲在商场里购物，不敢做地摊货以外的奢侈梦，甚至在生病时也不敢奢望享受被照顾的感觉。

日子过得紧紧巴巴的，意外还是发生了，小蕊在工作中出现严重失误，给公司造成重大损失，按规章制度，她应该被直接开除，领导念及她平常表现优秀，只把她的工资降到了新员工刚入职时的水平。

且不说收入减少，丈夫负担增加，仅公司内的异样眼光就像一把把锋利的小刀，刺得她浑身不自在。她曾想离开，换个环境重新开始，可是又不知道下一份工作在哪里。小蕊在迷茫、不安、纠结中，萌生出周五下班后，独自去郊外散心的想法。

郊外空气清新，沁人心脾。因刚刚下过雨，河边阵阵蛙鸣，催人回到童年。枝头的小鸟叽叽喳喳，宛若天籁之音。刚刚冒出来的树叶一片新绿，经过雨水的洗涤，显得更加青翠。水面上，不时有鱼儿冒出来透气，调皮地吐出一个又一个小泡泡。

一天半的时间里，小蕊沐浴在大自然的怀抱，之前的不快情绪也都烟消云散。周日傍晚，她神采飞扬，身轻如燕，摁响了家里的门铃。

吃晚餐时，丈夫对她的惊人之举还是心有余悸，调侃道："今后，我要在你的脚上拴一根绳儿，就算跑到天涯海角，也要把你拽回来，别想再脱离我的视线。"

小蕊剜他一眼，嗔怪道："我是你的合法妻子，不是私有宠物。"

丈夫狡辩道："你是'私有宠妻'，从见你第一眼起，你就已扎根在我心里。"

"这话我爱听，突然玩失踪，也是对你是否爱我的终极考验。"

两人边吃边聊。老公又问："你一个人住宿，一个人游玩，不孤独吗？"

小蕊想了想，说："有，想你时特别孤独。其他时间里，我在享受孤独，孤独就像一位慈眉善目、面带微笑的智者，倾听我内心的苦闷，帮我扫除阴霾，让我以平和的心态对待当前的生活。"

有道理。孤独不可怕，凶神恶煞、张牙舞爪是惧怕孤独者对孤独的误解。当人处在低谷或内心茫然时，需要孤独帮你解答疑惑，它能让人保持冷静，冷静地思索未来何去何从。

2

绽放：与孤独握手言和的最低门槛

孤独有时就像空气中消毒水的气味，无论躲到哪里，它都会沾染你的衣服，弥漫在你的鼻腔里。可以说，面对孤独，任何人都不可能拥有随叫随到的救赎，而所谓的享受孤独，在于摆正心态与它握手言和，这也是我们的必修课。

进入思考状态

01

小区里有一个张姓大爷，他身板硬朗，精神矍铄，热心肠，人缘好，绰号"老顽童"，男女老少这样叫他，他准会乐呵呵地回应。呼其绰号，有不爱老敬老之嫌，他不计较是他心态好，我不能没大没小，一直尊称他"张大爷"。

不知何时，张大爷手中多了一个鸟笼子，里面养着一只八哥。有了这只八哥，张大爷很牛气，整天拎着它在小区里的露天运动健身区显摆，每次见到他，他身边总是围着一圈人，对着鸟笼子指指点点，一片欢声笑语，他们中间有大到古稀、耄耋的老人，也有小至咿呀学语的孩童。

笼内的八哥很讨喜，会说"您好""谢谢""欢迎光临""恭喜发财"，小车喇叭声、手机铃声等也模仿得惟妙惟肖。张大爷和他的八哥，在大家的赞誉声中，似乎过得很开心。

有一天，我偶遇张大爷，发现他的鸟笼子换成了花椒棍。为何改变手中的物件，我不解，向他打探缘由。

张大爷依旧很爽朗，他告诉我，八哥送人了。爱玩之人与八哥相遇，可谓绝佳搭档。肯忍痛割爱，对于张大爷来说，需要莫大的决心。

张大爷见我满脸疑惑，说："那玩意儿刚上手时的确可爱，且不说它直肠子，边吃边拉，脏兮兮的，整天只会学人说话，缺乏新意，玩着玩着，我就失去了兴趣。"

直肠子、脏、学人口舌，乃八哥的本质。也正因为如此，剧情反转，八哥令人生厌，被转送他人，简直是一则生动的寓言故事。这里，用我们人类的思维方式去分析它，最初八哥在笼中安家肯定是被动行为，它孤独、无奈、挣扎、反抗，均无济于事。在食物、水等的诱惑下，它的反抗情绪渐渐消退，还在人的教唆下，学人说话。久而久之，它适应了这种生活方式，进入舒适状态，心理学上称为舒适区。在这个区域里，八哥感到舒适、放松、稳定、有安全感。人也如此，一旦走出舒适区，就会明显感到不舒服、别扭或不习惯。例如，习惯了用右手刷牙，改用左手，则会很不舒服；习惯了用右手写字，改用左手写，同样会不舒服。也就是说，在"右撇子"的心理舒适区内，只能用右手刷牙，用右手写字。

张大爷还是张大爷，八哥还是八哥。假如八哥有想法，能独立思考，那么谁是谁的宠物，谁取悦了谁，需要再做讨论。显而易见，有想法、能独立思考，对于任何一种生灵来说都非常重要。叔本华曾说过，独立思考是一个人的真正灵魂。正常状态下，判断一个人能否独立思考，除言行举止外，还可以通过他的眼睛进行辨别，善于独立思考的人，目光从容淡定；不善于独立思考者，目光游离空洞。

生活中，很多人把独立思考理解为个人的所思所想与大家不一样。这种认识是片面的，这种做法不叫独立思考，而是典型的固执己见。在科学层面，独立思考的本质是怀疑精神、分析精神、证实精神和批判精神的总和。简单地说，独立思考就是用理性的方式思考某个问题，从不同角度去分析、研判问题，认清问题的本质，从而找出最为合理的解决方式。独立思考的对立面是盲目听信，其结果是遭人骗、被忽悠。有想法且能够独立思考的人，通常不会为外部因素所左右，他们接收到某个信息后，往往会大胆假设，小心求证，若缺少有力证据，他们就不会轻易相信。

不知何种缘故，我想到波兰作家亨利克·显克维支的《灯塔看守人》，小说中看守灯塔的人与张大爷饲养的八哥的处境颇为相似。一人一禽，一个生活在岛上，一个生活在笼中，结局同为离开了"囚禁"之地，方式却大相径庭。

02

《灯塔看守人》是一篇把孤独写得意味深长的小说，主要讲的是，距离巴拿马不远的海上有一座岛，叫阿斯宾华尔岛。阿斯宾华尔岛外有一个海湾，叫蚊子湾。来往于巴拿马的船只，需经过这道海湾才能进入港口。蚊子湾内礁石密布，白天行船极为困难，到了夜晚，雾气弥漫，阴森可怕，船舶如同进入了鬼门关，稍不留神，便会触礁翻船，葬身大海。

美国驻巴拿马领事为方便纽约的船只顺利入港，在蚊子湾设置了一座灯塔，每到夜晚，有专人负责点亮灯塔，给夜行的船导航。看守人需常年驻守蚊子湾，所需淡水、食物等由阿斯宾华尔岛上的人定期送往。

一天，灯塔看守人莫名失踪，负责人急需在十二小时内找到接替者，从而保证灯塔正常运转。当地居民没有一个人愿意干，他们知道去蚊子湾守灯塔，与囚犯没什么差别，这份工作单调而孤独。就在领事法尔冈孛列琪先生一筹莫展之际，一个叫史卡汶思基的人找上门来，表示愿意接受这项差事。

史卡汶思基七十多岁，虽年事已高，但腰背挺拔，颇有军人风范，岁月在他的脸上留下沧桑。史卡汶思基告诉法尔冈孛列琪，他去过很多地方，从事过许多行业，一生几乎在辗转流浪中度过，愿意去蚊子湾看守灯塔，过孤独而宁静的生活。

别无他选，法尔冈孛列琪先生点头应允，史卡汶思基成了新的灯塔看守人，每天晚上按时点亮灯塔。

大家本以为他无法忍受孤独，干不了多久就会找种种借口逃离蚊子湾。一天两天过去了，一星期又一星期过去了，史卡汶思基与灯塔做伴，听大海歌唱，看海上落日，与草木谈心，他喜欢上了这里，丝毫没有感觉到孤独与寂寥。

过往船只上的船员们经常看到，史卡汶思基拿出食物投喂给海鸟们，不久它们都被这位善良的老者驯服了，每当他投喂食物，鸟群都会在他周围上下翻飞，场面蔚为壮观，老人穿行其中，如同牧人走在羊群中间；大海退潮后，他来到海滩上，捡拾玉黍螺、鹦鹉螺等大海的馈赠；月明之夜，他赤足来到灯塔下，与那些躲在浅水滩的岩石缝隙里的鱼儿嬉戏。

毫无疑问，史卡汶思基陶醉在自己的幸福里，似乎达到了"天人合一"的境界。正当老人享受这种在外人看来如苦行僧般的生活时，一个包裹的到来，搅乱了他的全部幸福。包裹内，有一本用波兰语写的书。看到熟悉的文字，他想到了家乡，想起了童年，想起了亲人和过往的一切。史卡汶思基老泪纵横，哭得很伤心，几天的工夫，他老了许多，腰身也弯了下来，唯有目光依然很亮。

这是一篇充满爱国情怀的小说，故事的结尾，史卡汶思基辞去看守灯塔的工作，带着那本书，乘上从阿斯宾华尔岛开往纽约的轮船，开始了下一站的漂泊。

小说的结尾有些出人意料，这也是作者表达主旨思想的精妙之处，史卡汶思基老人离开蚊子湾，与所处环境无任何关系。相反，在看守灯塔的日日夜夜里，他把常人无法理解的孤独看成一种享受，这段经历，恐怕是他旅程中最为美妙的记忆之一。

史卡汶思基之所以能心甘情愿地守护灯塔，是因为他常年居无定所，看透了世情百态。有一个机会能让他停下来，是独立思考让他做出了这个决定，别人口中的孤独也就成了他的享受。

蚊子湾自然也就成了史卡汶思基的心理舒适区，对他而言，这片舒适区给予了他心灵安慰。不过这仅仅是一种表象，心理学上称之为"安慰剂效应"。"安慰剂效应"由毕阙博士提出，亦称"非特定效应"，是指当病人无药可救时，医生仍告诉患者可以治愈，患者会有病痛明显减轻的感觉。"安慰剂效应"随处可见。比如，城里人去乡下郊游，到达半山腰时，陶醉在清澈的山泉、碧绿的草地等迷人的风景中，休息时有个人接过同伴递来的水壶，喝了一口，说："山里的水就是甜，城里的水没法比。"同伴笑笑没有作声，其实水壶里的水就是他出发前在家里灌的凉白开。如果同伴说出真相，饮用者口中"山里的水"恐怕就变了味道。

史卡汶思基老人最终离开舒适区，安慰剂效应失去作用，是波兰文字戳破了潜藏在他内心中的真相，这也是独立思考发挥的作用。可以设想，归国途中，道路漫长，史卡汶思基的身影依旧孤独，而他的内心却激昂澎湃。

03

魏立长相俊朗，永远一身名牌，把自己穿戴得板板正正，大学校园里认识或不认识的女生从他身边路过时，免不了多看他几眼或没话找话，跟他要个联系方式。小伙子有求必应，不会冷了姑娘的心。姑娘满心欢喜，翻看他社交平台的基本信息，发现他在签名档里写着：若需帮助，尽力而为；如若闲聊，恕不奉陪。

深夜，魏立匆匆回到寝室，弟兄们有的睡去，有的坐在电脑前看电影，有的捧着手机玩游戏。其中一位不厌其烦地把说过无数次的话再重复给魏立听，说："兄弟，老爸已给你创下千秋基业，混个文凭回去接班就行了。整天扎在书堆里，这是何苦呢？"

魏立呵呵一笑，不做正面回答，依旧按部就班地把时间花在学习上。在自习室、图书馆、操场边，乃至吃饭时，同学们常见他书不离手。整天学习再学习，他形单影只，是同学们眼中的另类。成功不辜负每一位努力者，魏立如愿考上硕士研究生，他再接再厉，又考上了博士生。毕业后，他返回老家，接手管理家族企业。短短几年工夫，他利用所学知识和对市场的精准把握，将企业进行再升级，使其很快成为地方龙头企业。

一次，魏立接受电视台访谈，主持人抛出一个刁钻问题，问他："享乐是人的基本属性之一，现在社会上存在一种论调，认为'富二代'是被金钱、物质宠坏的一代。您是标准的'富二代'，请问您是如何克服金钱、物质的诱惑，成长为高学历的'富二代'的？"

魏立说："父母创造的财富，仅仅是个平台，利用它提升自我还是坐享其成，想法不同则结果也有所不同。就我而言，不想活在父母给我创造的舒适区内，本科、硕士、博士期间，我放弃不必要的社交活动，努力提升自己，才有了现在的我和现在脱胎换骨的企业。"

"不想活在父母给我创造的舒适区内"，语言朴实，浓缩了无数个他在知识的海洋里遨游时的孤单身影。是的，活着就应该有进取心、有想法、会独立思考，并对自己有正确的定位，孤独便是最好的修行。

"一个人对话"激发创造力

01

我一直把自己视为"码字民工"，整天苦哈哈地坐在电脑前，不分白天黑夜地对着电脑表达想法。指尖落在键盘上，犹如钢琴演奏家弹奏出一串串美妙的音符，将日子装点得分外充实、温馨。是的，只要基本生存资料不短缺，我就不会轻易打开房门窥视外面的世界，我享受与自己对话的过程，电脑充当记录者。

专注于某一件事，心理学上称为"手表效应"，由英国心理学家P.萨盖提出。该效应指出，人只拥有一只手表时，能够确定时间；拥有两只或两只以上的手表时，因不同手表上的时间有所差异，人们反而没法确定哪一个是准确的时间，从而引起时间混乱。手表效应提醒我们，"鱼"和"熊掌"必须选择其一，只有目标明确，才能心无旁骛。我专注于码字也是这个道理，因为专注也就不觉得孤独。

从事文字工作，许多人以为单调、枯燥、辛苦。我认可此种说法，从来不予反驳，不过他们忽略了一个事实：喜欢某种职业，即便再苦再累再劳神费心，总会有成就感伴随我们。如此言说，并非自我安慰，也适用于每一个人。再则，某人喜欢金融，从事股票交易工作，每天面对涨跌，整个人处于亢奋状态，他享受这份刺激，乐于在亢奋中实现自我价值，如果把他安排到幼儿园工作，整天围着小朋友转，且不说专长无用武之地、前途无任何希望，在他的意识中，幼教的工作同样单调、枯燥、辛苦；喜欢幼儿教育者却截然相反，他们乐在其中，享受教育小朋友带来的成就感。

我喜爱码字，甘愿把椅子坐穿，你不必敲锣打鼓迎接我去养猪；我大门不出二门不迈，心甘情愿被锁在家里，你不必兴师动众绑架我出来；我浮想联翩，闭门造车又与你何干？你不必满口喷着唾沫星子，对我指指点点。千金难买我喜欢，与文字死磕我无怨无悔，市面上头顶虚拟光环的人生导师们请绕行。

如此执迷不悟，朋友担心我提前进入老年痴呆状态或发生意外，总隔三岔五地大发良善，打电话听听我气息是否顺畅，声音是否有力。我没辜负他们的牵挂，每天站在窗前迎接初升的太阳。在复杂的人际关系里，实用主义教会太多人如何见利忘义，如何在利益面前翻云覆雨，朋友的这份情谊如同在死寂的漆黑的沙漠里出现的一堆篝火，让我这块冰冷的铁板有了温度。打电话问候，我已心存感激，朋友却还嫌做得不够，抽出时间搞"突然袭击"。

他每次来访，总是不厌其烦地重复一个问题："一个人独处时，你从来没有孤独感吗？"我欣然回答，总是重复同一句话："独处能激发创造力，孤独让我激情澎湃。"

言毕，我与朋友同时哈哈而笑，他还戏谑道："我如饥似渴，心灵像干涸的河床，期待你尽快播洒甘霖，也让我如滔滔江河般一泻千里。"

玩笑不过是一道调味剂，给交谈增添些气氛。结合自身感受，我认为独处时，人在孤独中的确能激发创造力。创造力离不开想象。想象是在知觉材料的基础上，经过新的配合而创造出新形象的心理过程。靠着它，每个人从记忆仓库中查找所需，并顺利地将其提取出来。它具有光的速度——超越古今，横贯宇宙；它具有神奇的色彩——变幻万态，高深莫测。《文心雕龙·神思》里有这样一段话："寂然凝虑，思接千载；悄焉动容，视通万里；吟咏之间，吐纳珠玉之声；眉睫之前，卷舒风云之色……"这就是想象的神奇，它不受时间和空间的制约，你可以想到千年之前，万里以外；可以想到美妙境界，像珠圆玉润；可以想到壮丽景色，像风卷云舒……

想象与创造是"知"与"行"的关系，如果大脑中闪现出妙语佳句或某一精彩的故事情节，我准会第一时间把它们记录下来，即便出现在梦中，也不放过。如此紧张忙碌，哪还有时间留给孤独。经常独处，真相告诉我，孤独是对不安灵魂的终极考验，熬过去了，你会因孤独而大放异彩；熬不过去，你将被孤独无情地吞噬。

02

　　1805年，丹麦欧登塞市有一个男婴呱呱降生。添丁增口，22岁的年轻父亲还没来得及细细品味喜悦的滋味，忧愁就像乌云般盖压过来。小生命的出现，预示着以后的生活会更加拮据，他要修更多的鞋才能勉强维持一家五口的基本生活。这个男婴就是"世界儿童文学的太阳"——汉斯·克里斯汀·安徒生。安徒生出生时，他的母亲36岁，曾有过一段失败的婚姻，比他父亲整整大14岁。

　　爷爷、奶奶加上他们三口人，三代同堂，挤在拥挤的阁楼内，日子过得比屋子里的光线还暗淡。爷爷骨瘦如柴，又高又细，像一根麻秆，仿佛稍微用些力气就能将他拦腰折断。老人家精神有些不正常，发作时把破布、鲜花拴绑在身上，邻居们嘲笑他是"疯子安徒生"。正常时，爷爷想象力丰富，把木头雕刻成长着翅膀的野兽、长着鸟头的人等一些稀奇古怪的玩意儿，卖给村里的孩子们，补贴家用。安徒生的父亲也经常一边工作一边幻想，据穆拉维约娃在《寻找神灯：安徒生传》中介绍：安徒生家中光线欠佳，影响工作，鞋子质量不达标，客户不满意，收入就无法保障。鞋匠安徒生为解决光线问题，把所学技艺完全发挥出来，在工作的地方旁边安放了一个圆形玻璃器皿，里面注满了水，把光线聚拢到工作台上。这个想法很好，也很实用，工作台比以前亮了许多。按说该专心工作了吧。鞋匠安徒生却一下子从玻璃器皿的反光中跌入奇幻世界："……他站在一艘正在航行的大船的甲板上，以前在书本上读到的遥远国度出现在他眼前，高大的棕榈树、广阔的沙滩、缓慢行走的骆驼，一一从他眼前闪过。接着，出现了一座大都市，车水马龙，热闹非凡。然后，他看到一所拉丁学校，教室宽敞明亮，学生坐在里面，在老师的指导下正安静学习……"

鞋匠安徒生不是在创作童话，出现在他眼前的一切都是他的幻觉，这是精神失常的前兆。由于幻觉的困扰和精神的压力，鞋匠安徒生不到三十岁就死了，倘若他活得再长久一些，说不定又成就一个"疯子安徒生"。安徒生继承了父辈遗传下来的想象基因，小小年纪就经常天马行空，孤独地遨游在想象世界里。

小学时，安徒生所在的班里仅有一位女生，名叫萨拉，一双黑眼睛大而迷人。萨拉爱学习，数学成绩特别优异，同学们把她当公主般对待，安徒生为她那双黑眼睛深深着迷。他想靠近她，又担心她瞧不起自己。安徒生为此很忧郁，想象给了他力量。他幻想自己将来拥有一座城堡，还幻想自己本来就是一位伯爵的儿子，被临时寄养在穷人家里，总有一天父母会把他接回去，从此过上富足的生活。

安徒生沉浸在想象里，竟然相信了自己幻想中的世界，他把漂亮的城堡、精致的马车、奢华的生活告诉了黑眼睛萨拉，让萨拉与他交朋友。萨拉听完安徒生的描述，吓得扭头就跑，第二天全班同学都知道安徒生的脑子有毛病，说他很快就会变得像他爷爷一样疯疯癫癫的。

萨拉一针戳破了安徒生精心编织的"谎言"，他非常伤心，从自己身上找原因，认为自己讲的故事太离谱，把萨拉吓着了。在想象力的推动下，另一个版本的故事出现了：一天，萨拉深陷火海，周围的人站在一旁，没有一个人愿意出手相救。火越烧越大，萨拉眼看就要被大火吞噬，危急时刻，一位少年不顾个人生命安危，一道闪电似的冲了进去，把萨拉救了出来。这位少年就是安徒生。面对救命恩人，萨拉感激不已，为自己以前的不当言论深感内疚。后来，他们来到一个花园，里面长满了各种奇花异草，两人嬉戏玩耍，采摘各种各样奇特美丽的花儿。累了，他们俩肩靠肩并排而坐，相互表达爱慕之情。再后来，他们手牵手离开家乡，去了一个遥远的地方，每天幸福得像花儿一样灿烂。

对于这个版本的故事，安徒生非常满意，他高兴极了，也走出了因上个版本的故事而被人嗤笑的阴霾。不过，他这次学乖了，没有把这个故事告诉萨拉。他的思维和行为告诉我们，当现实无法满足个人欲望时，只能借助想象进行自我慰藉。对于此种行为，说得委婉点，是想象力丰富；说得直白点，就是白日做梦。想象力丰富也好，白日做梦也罢，归根结底在于日后能否创造传奇。声名鹊起，"想象力丰富"这顶桂冠自然属于你；一文不值，所有嘲笑、白眼，只能你自己背。夸耀成功而踩踏弱小，乃人性之一大劣根。

有关安徒生的童年，作者这样介绍，他很少上街闲逛，经常独自躲在阁楼里啃略有变质的面包，对着老鼠洞沉思，心想要是自己能钻进去，与窝内的老鼠做朋友该有多好。少年时代，安徒生独自走过那条林荫道，现在这里已成为哥本哈根市政厅广场的一部分，里面安放着一座他的铜制雕像，游人驻足观赏，很容易感觉到他的雕像那消瘦的脸庞上掠过一丝永远无法抹去的孤独。成年后，安徒生经常用旅游的方式来忘却内心的孤独，法国思想家卢梭说："孤独者的思想具有浪漫的特质，我就是这样的，并不为此而痛苦。它是一种甜蜜的疯狂，对幸福大有帮助。"卢梭的话，似乎是说给近百年后的安徒生听，他在"甜蜜的疯狂"中相继创作出一百六十四篇经典童话，作品被译成多国文字，遍布世界的各个角落，陪伴一代又一代人走过愉快的童年。

03

英国散文家托马斯·德·昆西说："一个人的生活中，如果缺少孤独，那么他的智力永远无法得到拓展。"这句话说得很绝对，丝毫不留讨价还价的余地。我调动脑细胞进行研判，发现还真是这个理儿。孤独时，才有时间去思考当下与未来。有些人说自己想象力贫乏，这是懒得动脑思考的借口。每个人内心中都有一个想象世界，想象中的事物会以不同形式表现出来，充分运用想象，你的未来会因此而精彩。

《蒙田随笔》中有一篇标题为《论想象的力量》的长篇散文，读得我感慨万千，其中写道，有位白人公主因生了一个皮肤黝黑的婴儿而被指控与人通奸，希腊医生希波克拉底给出解释，公主床边放有一张黑人的肖像画，公主天天能看到这张肖像，才会如此。再如，有人将出生在比萨附近的一个女孩带到波希米亚国王面前，这位女孩浑身长满坚硬的毛发，国王因此要惩罚女孩。她母亲说，怀孕时总看床头边约翰受洗时穿着兽皮的画像。两次奇特的想象，改变了两人的命运。

不仅如此，文中不乏一些疯狂的现象。比如，意大利国王西鲁斯白天看过斗牛，夜晚睡觉时就想象自己长出了长角；安条克在见到美丽的斯特拉托尼丝后，想象自己因对她难以忘怀而高烧不退；吕西乌斯·科西蒂乌斯在结婚那天，想象自己由女性变成了男性。可见，想象力达到了极致，与神经病有一拼。安徒生有超强的想象力，为避免重复祖父的厄运，他需要孤独，在孤独中与自己对话，在创作中表达出自己的想象世界，才赢得了后人的赞誉。

作为普通人，我们不可能都成为安徒生，但无法回避与安徒生一样的孤独。结合自身优劣及兴趣爱好，释放想象，再付诸行动，是对个人负责的理性行为。因为想象的原动力是对未满足的渴望，每一次想象都是对不满意的现实世界的修正。当然，如果你只会异想天开，却不愿迈出步伐，那就是白日做梦，永远不会有梦想成真之日。

所谓合群等于毁掉自己

01

"寝室，是堕落的开始；合群，是淘汰的起点。"这句话曾在网络上广泛传播，参与讨论者纷纷"晒"出发生在大学校园里的那些事儿。我想起儿时伙伴苏挺，他在初中时随父母去了另一座城市，此后杳无音讯。再次遇见时，我与他都处在远离家乡的同一座城市里。

苏挺的寝室里共有四位弟兄，其中一个男生出手阔绰，经常请他和另两个男生吃喝玩乐。此二人经不住诱惑，将高中老师说的"进入大学校门就不用学习了"的理念严格贯彻下去。三人一拍即合，一起打游戏，一起吃烧烤，一起侃大山，生活过得甚是惬意。苏挺有想法，不想白白浪费四年时光，便努力地付出行动，一个人去图书馆看书，一个人去食堂就餐，一个人去自习室学习，一个人参加社团，一个人留在宿舍里。

人们常说大学生活是我们进入社会、适应复杂人际关系的最后彩排，在大学这个"小社会"里，学会与人相处远比学会书本知识更重要，因为它不会让你在踏入社会后茫然失措，不知如何应对。刚开始，苏挺对自己独来独往的做法产生过疑问，自己会不会将来在社会上不合群？其他三位兄弟也时不时地旁敲侧击：书呆子走出大学校门，难免分不清东南西北，趁现在提高情商，将来才不至于手忙脚乱。

兄弟们的肺腑之言，苏挺认真记在心里，可想到要把时间浪费在无意义的事情上，他舍不得。一个人独处久了会上瘾，他下定决心后不再纠结，也不在乎能否融入宿舍小圈子了。心态放开后，他把全部精力投入学习中。他在学校组织的各种大赛中不断获奖，也认识了很多志趣相投的朋友。其实，生命是一张单程票，我们都是孤独的，只有频率相同的人，才能步履一致，并肩欣赏人生路上的风景。

后来，苏挺以优异的成绩被学校保送研究生，如今在一家大型企业任高管。回想大学四年生活，苏挺感谢那时的"不合群"，他说："放慢脚步，刻意寻求所谓的合群，只会让你委屈内心的真实想法，还要在孤独中强装笑颜，分享他人的寂寞与无聊。"

的确是这样。我们无法改变别人，如果迎合将就，活在别人的表情里，等同于毁掉自己。心理学研究表明，强装合群的人内心一般都很空虚，只能"混"得越来越差，主要表现为：刻意迎合他人，自己的生活节奏被打乱，导致心理出现不适，容易引发焦虑；问题摆在面前时，失去判断力，倾向于等待他人安排；受从众心理影响，他人做什么，自己也跟着做什么，失去主见及方向感；群体观念严重影响个人意志，自己无法沉淀下来做有效积累。

我踏入社会后，曾像温水里的青蛙，被单位的舒适环境煮了数年，一直无法融入一杯茶、一支烟、一张报纸看半天的圈子中。天性使然，无福享受一成不变的舒适生活，我顶住压力，递上辞职信，打包好随身行李，了无牵挂地潇洒离去。

　　我们可能总听到这样的话：上学时父母嘱咐，要融入同学中，不然会被欺负；上班后，老板说要融入同事中，否则会被孤立。受这种文化的灌输，很多人在内心的抵抗中被迫合群。

　　酒桌上，人们推杯换盏，亲密无间，你假装酒逢知己千杯少，内心早已焦躁不安，一次次趁人不注意偷看时间，想尽快抽身离开，却碍于面子，不好意思表达出来。聚会中，三五成群聊得热热乎乎，你假装兴致勃勃，用愉悦的表情掩饰内心的疲惫。歌厅里，唱的唱、喝的喝、舞的舞，喧闹声和嘈杂声强行灌入耳中，你独自坐在暗影里，一心只想时间能加快速度，赶快终止"群魔乱舞"的场面。旅行途中，大家兴致勃勃，一路边说边笑边看沿途风景，你心不在焉，孤孤单单地落在队伍后面，满脑子只想着，今天是个好天气，最适合钓鱼。

　　不同场所，喧嚣、热闹不打烊，你看起来很合群，实际上却在无聊中反反复复地体验着孤独，酿成此种结果的原因在于你担心他人在背后议论你不合群。你不是不合群，只是这个"群"太浑太深，无法让你在愉悦中呼吸新鲜空气，你的心里本来就有抵触情绪，但碍于说不清道不明的复杂关系，只能委屈自己合群而已。所谓"合群"，是指合适合自己的"群"，由个人喜好、认知、性格、习惯、品行所决定，你在适合自己的"群"里，像自由游弋的鱼，不会出现压抑、烦闷和喘不过来气的感觉。

不合群，不懂你的人认为你是"怪物"，用异样的眼光看你。假如你也这样认为，就掉入了孤独的陷阱。低质量合群如吃快餐，让你短时间在浮华中获得快乐，而投入的时间、精力等成本的价值远远大于所获得的。长此以往，强行合群，会麻木你的认知和行为，让你变得浑浑噩噩、不思进取，甚至阻碍个人发展。有思想、有辨别能力的人，宁可独处，倾听自己内心的声音，也不会选择毫无意义的合群。

李白洒脱豪放，独处时"花间一壶酒，独酌无相亲。举杯邀明月，对影成三人"。孤独瞬间变得诗情画意，格调高雅。可见，孤独是一笔宝贵的财富，让我们变得优秀。一个爱凑热闹、没有独处时间、耐不住寂寞的人，不可能静下心来充实自己，而敢于独处、直面孤独的人，会在独处中不断修炼自己。

02

朱自清在散文《荷塘月色》中写道："路上只我一个人，背着手踱着。这一片天地好像是我的；我也像超出了平常的自己，到了另一个世界里。我爱热闹，也爱冷静；爱群居，也爱独处。像今晚上，一个人在这苍茫的月下，什么都可以想，什么都可以不想，便觉是个自由的人。白天里一定要做的事，一定要说的话，现在都可不理。这是独处的妙处；我且受用这无边的荷香月色好了。"歌德剖析自己道："我的心田是一个四门大开的城市，每个人都能自由进入。但其中有一个孤堡，任何人无权入内。"这座别人不得涉足的"孤堡"，欧阳修在《醉翁亭记》里也有所涉及，"然而禽鸟知山林之乐，而不知人之乐；人知从太守游而乐，而不知太守之乐其乐也。"语末的"而不知太守之乐其乐也"，应该是指太守返回"孤堡"后所享受的乐趣，换言之，享受的是独处的乐趣。

有这样一个故事，颇具启发意义。半山腰处有一座寺庙，住着一老一少两个和尚。小和尚天资聪慧，尊老和尚为师父，但他有个弱点——总觉得自己对佛法无所不精，还总爱在师父面前显摆。师父多次提醒，小和尚却屡教不改。

一天，一老一少两个和尚因对佛法产生分歧，谁也不能说服谁，都坚持自己是对的。相持中两人打了个赌，谁输了谁就闭关十年。谁怕谁呀，十年就十年，小和尚自信满满。两人一言为定，搬出寺庙内的所有佛教典籍进行查证。从上午一直忙活到太阳即将落山，正确答案总算揭晓。

小和尚输了。因事先有约，他住进一间小房子，老和尚找来土坯把门封死，只留一个窗口给他提供基本的生活保障。十年说来轻巧，需要一分一秒地过，意味着暗无天日和痛苦煎熬。刚过了三天，小和尚就待不下去了，对着窗口大喊大叫："师父，放我出来……""师父，我错了，以后再也不显摆了……""师父，求你放我出来，以后所有的活儿，我全包了……"

老和尚没理会，顺势把手里的经书扔了进去，转身躲得远远的。小和尚一番折腾，口干舌燥，他看到躺在地上的经书，一脚把它踢到墙角，喝口水，歇息片刻，继续对着窗口大喊大叫。

晚间老和尚送饭时，小和尚躺在床板上，双眼紧盯着屋顶。老和尚说："愿赌服输，怪不得我狠心，怪只怪你学艺不精。"小和尚腾地翻身坐起，三步并作两步来到窗前，把放在窗台上的饭食扔掉。

第二天一大早，老和尚再来送吃的，小和尚又把它扔掉了。"想用绝食来骗我的慈悲，"老和尚心中暗想，"你还是没饿急，饿得你前胸贴后背时看你还扔不扔。"

绝食三天后，小和尚撑不下去了，对着食物狼吞虎咽，还给自己找了一个漂亮的借口：吃饱饭才有力气说服师父放自己出去。

老和尚再来送饭的时候，小和尚再次乞求师父。老和尚说："你命中注定遭此一劫，必须独立完成，才能重见光明。我若放你出去，就会犯下包庇的罪孽；你若提前出来，非但不能逃脱惩罚，还会罪上加罪。总而言之，如果不到十年期限，你就提前出来，哪怕仅走出来小小一步，我们都将犯下罪行。"老和尚语重心长，小和尚若有所思，不再吵吵闹闹了。

十多平方米的空间，小和尚在里面转了一圈又一圈，希望时间跑得快点儿。实在百无聊赖，他的目光落到被扔在墙角的经书上，那是一本自己不知翻看过多少遍的典籍。好歹也能打发时间，小和尚拾起了它。以后，研读佛法典籍成了小和尚打发时间的唯一方式。仅用两年，小和尚就把寺庙里的所有藏书都看了一遍；看完第二遍用了三年；看第三遍，耗时整整五年。

十年期限到了，老和尚扒去土坯，进入屋内。小和尚如同什么事都没发生一般埋头苦读。当合上书本，走出屋外时，他自言自语道："世间万物变而未变，师父您成佛了。"

老和尚颤颤巍巍，说："十年苦心精研佛经，徒儿得道了。"

十年修行，终得正果。核心是什么？独处，在孤独中自我升华。心理学研究发现，独处能带来四种力量，分别为：提升内心的定力，使头脑变得清晰冷静；提升与自我相处的能力，使一个人独处时从容淡定不慌张；提升深度思考的能力，使自己看待问题更加透彻；提升个人认知能力，看透自私、贪欲等人性的劣根。

所以，放弃不必要的合群，把时间留给独处，是每一个在尘世中修行的人所必备的。捧一杯咖啡，读一本很早就想看而一直没有翻开的书，听一堂对工作有所作用的网课，写上几行字，冥想近来发生的事情……凡此种种，你不会觉得孤独。

独处是每一个人天生的权利，害怕独处，是因为害怕孤独。把独处看成难得的机遇，孤独就有可能转化为觉悟，如同暗夜里的一束光，照亮脚下回归初心的路。因此，独处时感到孤独，要保持开放的心态，勇于探索自我，提升心灵的归属感。孤独不可怕，接纳孤独、珍惜孤独、与孤独友好相处，你便可以掌控自己，因为孤独让你变得更强大、更有力、更出众。

高傲地孤独胜于卑微地讨好

01

《被嫌弃的松子的一生》是日本作家山田宗树的代表作，故事的主角叫松子。在她的一生中，为了摆脱孤独，她不停地用讨好来换取爱与关怀，然而事与愿违，她并未以此换来心灵所需。

松子有个妹妹，常年卧病在床，父亲几乎把精力全都投入照顾妹妹这件事上，忽略了成长给松子带来的孤独与烦恼，对她的关爱相对少一些。父亲不是对松子有所偏见，只是精力实在有限。孤独中，松子无法理解，于是想尽办法引起父亲的注意。

一天，父亲坐在妹妹的病床前，松子在一边玩，故意向父亲做了个鬼脸。小女儿的病情早已把父亲折磨得心力交瘁，看到大女儿表情滑稽，给枯燥的生活平添一抹生机，当即笑得合不拢嘴，还顺便夸了松子几句。自记事起，父亲从来没有在自己面前如此开心过，也从来没有夸过自己。那一刻，松子感受到了父亲满满的爱。之后，她又做了几次鬼脸，每次准能博得父亲的笑声与赞许。从此，她的幼小心灵里留下一个重要信息——要想引起父亲的注意，得到父亲的爱，需要用做鬼脸换取。做鬼脸自然成了松子讨好父亲的招牌动作。随着年龄增长，她慢慢地长大，遇到可怕或难堪的事时，她都会做这样的动作。讨好成了松子的生活习惯。

长期缺少家庭关爱，松子在孤独与讨好中进入学校，"问题学生"第一次毁了她的人生。踏入社会后，松子孤独而迷茫，先后交过几个男友，从街头混混到有妇之夫。恋爱期间，她因讨好变得更加卑微。男友没有一个是好人，他们秉性顽劣，动辄大打出手、大骂出口，即使她被要求当妓女赚钱、吸食毒品、蹲监狱，也没想过离开这些男人，还天真地以为自己在奉献爱，希望通过爱去改变男友，让对方洗心革面，像她爱对方一样爱自己。以爱为筹码，讨好男人，换回的只是玩弄、背叛与抛弃。每次受伤后，她不及时警醒，总以为自己的讨好不到位，然后再次全身心投入下一段感情，朋友担心她再受到伤害，劝她远离这样的男人，她却说："就算被打，也比一个人孤独着好。只要和这个人在一起，即便是地狱，我也心甘情愿跟着他，这就是我的幸福。"

在松子身上，我们看到"讨好——被伤害——渴望爱——继续讨好——再次被伤害"这一死循环。一次次身心摧残，一次次在绝望中寻求爱的新生，使她患上抑郁症，一个人独居十余年后被"路人"杀害，结束了五十三年的讨好人生。小说中，她给予对方的是"上帝之爱"，她所有的努力讨好，仅仅是为了不想一个人生活。

松子凄惨的一生，恰好印证了有一种悲剧叫"讨好"。我们生活中可能没有经历过松子的遭遇，但一定存在过讨好行为，你讨好他人或他人讨好你。请记住，无论在什么境遇下，都不要企图用讨好博得他人好感，对方是不会把你放在重要位置上的，因为你已经失去做人的基本底线与尊严，对方可能口头上对你信誓旦旦，其实内心早已把你弃于天边。

　　没人愿意活在卑微的角落里。也许你希望对方能与你成为知己，那也没有必要迁就他的各种情绪；也许你希望得到他人的赞美，那也没有必要违心做自己不喜欢的事。你越在意别人的感受，就越容易产生孤独感，渐渐地你就会迷失自己。人生如戏，每一个人都是天生的剧作家，人生是否精彩，只能自己写，在别人的剧情中留下脚印，如同插播广告，不受人待见。活着就要活出自己的精彩，你姹紫嫣红、满园芬芳，自然会吸引来欣赏的目光。

　　讨好是贬低自己、迎合他人的错误思维。心理学上把这类人归为讨好型人格，主要表现为自卑、怯懦、极端、缺乏安全感、没有进取心，严重者需要接受心理治疗，在专业人士的指导下，进行一步步调控。有人可能会说，讨好不是我的本意，可我控制不住自己。这类人要先把讨好的念头强制性压抑住，再冷静分析自己讨好的动机。例如，当感觉到别人有意疏远自己时，认真思考问题出在哪里，若是自己的原因，不要找借口，去勇敢面对；若是对方的原因，就勇敢抬起头做骄傲的自己。倘若不弄清事实真相，一味指责自己做得不够好，把心思放在讨好上，就甭想指望别人尊重你。

卑微地讨好，直白地说，属于人在社会生活中奴性的外在表现，容易造成心理扭曲，阻碍人与人之间的正常交往及社会活动。每个人都有独立的人格和尊严，人与人之间的交往，不分高低贵贱，属于同一个平面上的两条线，这样才平等，才是正常行为。当一个人被奴性绑架，沦为奴性的牺牲品时，自然而然也就失去了人格和尊严，等待你的只会是无休止的痛苦和漫无天际的黑暗。

我们可以平凡地活着，也决不能因为讨好而抛弃自我，千方百计讨好别人，等于亲手把自己送入地狱之门。与其把自己置于卑微的讨好里，不如高傲地孤独着。

02

两年前，亦颜在同学群里发布爆炸性消息，说自己离婚了。这个群是大学毕业前夕班长建的，全班同学都在其中。离开校园后，大家各奔前程，有些同学不知何故退出了集体大家庭，数年下来，仅剩下二十余人。坚守者似乎也忽略了它的存在，平时不怎么说话，逢年过节出来冒个泡，也只是说句象征性的祝福语，便沉入水底。

亦颜突然宣布回归单身，如同平地响了一声惊雷，蛰伏的"动物"们纷纷从洞穴里钻出来，大家七嘴八舌，热闹非凡。有的表示惋惜，有的送上安慰，更有当初想与亦颜交往而失之交臂至今还是老光棍的男士们，直接掐一把狗尾巴花当作玫瑰，在群内赤裸裸地向亦颜表白。

从大一开始，亦颜便是男生们追逐的对象，本班的、同系的、其他系的，至于有多少个人，恐怕连她自己也数不清。亦颜努力"收拢"自己，不为所动，许多人知难而退，而新一波攻势随即蜂拥而至。在众多追求者中，外语系的一个男生从大二上学期开始一直对她紧追不舍，大三下学期，两人确定了恋爱关系。追求者们得知心仪的女生有了归宿，又气又急，只得深夜跑到操场上一顿怒吼，发泄内心不满。

亦颜与"外语男"来自同一个地方，毕业后当年两人喜结良缘，亦颜当起了全职太太，"外语男"进入家族企业帮父亲打理生意。新婚第一年小两口恩恩爱爱，亦颜经常在群内晒幸福、晒甜蜜，惹得女生们直言"学得好不如嫁得好"。幸福有时像闪电一样，还没来得及看清模样便已销声匿迹，只在脑海里留下模糊记忆。亦颜的幸福来得太突然，当日子如同家常便饭般平常时，她整天除了做饭、洗碗、收拾房间、偶尔逛街外，常常一个人守在屋内，心里空落落的，不知道如何打发时间。她孤独、寂寞，想出去工作，让自己充实起来。她向"外语男"提及想法，"外语男"起初细心安慰，次数多了就显得有些不耐烦，说："出去工作有啥好的，你把我们的小家庭打理好，就是对我最大的支持。再说了，你抛头露面，别人还以为我们家养不起你，让我在生意场上情何以堪？"

亦颜认为丈夫说得有道理，放弃了工作的念头。商场里钩心斗角、尔虞我诈，无所不及。"外语男"是个情绪化的男人，喜怒哀乐经常挂在脸上。丈夫在外面受到委屈，还得自己心疼，亦颜动之以情晓之以理，直到"外语男"的脸上露出笑容，两人才手牵手享受二人世界。

亦颜安慰的次数多了，"外语男"产生了依赖心理，每当在外面不顺心了，哪怕只是鸡毛蒜皮的小事，也要向亦颜讨要哄劝，亦颜也在不知不觉中形成了看"外语男"脸色的习惯。"外语男"若满面春风，她就兴高采烈；"外语男"若愁眉不展，她心里就会先"咯噔"一下，再穷尽方式，帮"外语男"收拾心情的"垃圾"。

婚姻是一所学校，允许双方边学习边成长，好的伴侣彼此促进，坏的伴侣虚度光阴。亦颜与"外语男"同千千万万对小夫妻一样，边学习边成长，只不过"外语男"在哄劝和安慰中把亦颜给予的爱看成理所应当。渐渐地，两人在婚姻的天平上不再平衡，亦颜成了配角，有时"外语男"因亦颜安慰不到位，故意给她甩脸子，亦颜默不作声，独处时不知流了多少泪。

夫妻关系中，真正的幸福是关上门，充分利用已有资源，把简单的食材烹调成百吃不厌的佳肴；是出差归来，来不及掸去衣角上的灰尘，就第一时间张开双臂将对方拥抱在怀里；是生病后体贴入微的照顾，即便只是一声轻微的咳嗽，也能把对方从睡梦中叫醒；是平常生活中，哪怕只隔着一道用麻秆或报纸糊成的墙，邻居十年、二十年甚至更长时间，也从来没听到过不和谐的声音。

亦颜明白，她和"外语男"的幸福早已偏离航向，成了无休止的索取与迎合，表面上华贵美丽，实际上如同一筐正慢慢烂去的桃子。一天吃晚餐时，因为一道菜咸了点，"外语男"像个长舌妇一样，数落个没完没了，亦颜一忍再忍，反复道歉，"外语男"也不肯罢休。亦颜忍无可忍，把这几年因看他脸色所受的委屈全部倒出来，"外语男"却毫不怜香惜玉，歇斯底里道："我每天起早贪黑，辛辛苦苦地在外面挣钱，给你提供优质的生活，你不但不感恩，反而倒打一耙，真是不可理喻。"

两人爆发结婚以来的第一次冲突，亦颜当晚负气回了娘家。一周后，"外语男"来接亦颜回家。两人当着亦颜父母的面又吵了起来，"外语男"临走时态度强硬，说："我来接你，是在给你台阶，如果你不见好就收，继续任性下去，不想过咱俩就离婚。"

夫妻吵架再正常不过，亦颜从来没想过离婚，"外语男"的话提醒了她。回想结婚后失去自我，整天过着附庸般的生活，她做出选择，结束了四年的婚姻。

离婚后，亦颜去了外地，对未来重新进行规划。同学聚会时，谈及那段失败的婚姻，她说："当时我天真地以为爱他就要迎合他，现在看来这就是卑微的讨好。无论什么时候，当关系需要用讨好来维持时，就说明已经走到了尽头。要拿出宁可一个人孤单的勇气，及时把讨好的行为斩断，哪怕心头滴血也在所不惜，因为它能让你重新拾起尊严。"

胸中有格局，注定与外界格格不入

01

我在微信朋友圈发了一段关于"孤独"的文字，有人留言：一个人吃饭，一个人逛街，一个人挤地铁，我觉得特别孤独；常说家是温馨的港湾，我回到家里，内心却空落落的，无聊得像只打转的小蚂蚁。

我能理解他的感受，每个人都曾经历过孤独，我那时想逃避，尝试过各种方式，却一直找不到突破口。生活还得继续，别无他法的情况下只能熬，熬着熬着，熬到"出头之日"，先前的惊慌与惆怅，渐渐被阳光感化了，被晚风疏通了，被雨露滋润了，心态也随之平静下来，不再因孤独而委屈得像个没吃到糖果的小男孩。

日本漫画家绿川幸在《夏目友人帐》中写道："我们必须承认，孤独占据生命里的大部分时光，努力成长是在孤独里可以进行的最好的游戏。"绿川幸以女性视角把孤独诠释得温婉、细腻，同时又不遮掩孤独的天然魅力。我很喜欢她的表达。关于孤独，不同的人对它的理解也不同，有的人畏惧它，有的人把它当成生命中难得的增值期。

刚工作时，我住在简易公寓里，韦达住在我隔壁，我们平时不怎么交流，偶尔照面，仅打个招呼而已。我注意到，他不是那种性格内向的人，却总喜欢独来独往，每天下班回家就把自己关在屋内，周末也鲜有朋友光顾。在我们看来，他家的门永远是孤立寂寞的，而我们这些住在同一楼层的单身小年轻们，充分利用闲暇时间，玩得不亦乐乎。

可能是门挨门的缘故，半年后，他终于敲响了我的门。无事不登三宝殿，他说感谢我半年以来对他的照顾，这明摆着是场面话，我单刀直入还带着点小幽默地问他为何破天荒找上门来。韦达迟疑了一下，告诉我，他升职了，要搬到公司附近住，这样可以节省更多时间。

从职场新人到升职提干，韦达用了半年时间，我向他表示祝贺。那晚，我们谈了很多，聊到很晚。韦达有主见、有想法，挺健谈，不与我们合群，是因为他把精力全都用在了学习和业务上。

后来，我们很少联系，我只能通过朋友圈了解他的动态。韦达可能看到了我那段对"孤独"的感想，他也发了一段文字，其中写道："有格局的人，从来不会对孤独产生误解，当孤独来临，它是在善意提醒，生命里缺少养分，需要我们抓住机会，自我修行；缺乏格局者活在眼前的风景里，不关心明天的早餐在哪里，他们为什么会被孤独打败，也就不难理解了。"

韦达的话有几分哲理，他突然冒出"格局"一词，令我恍然大悟，过去他独来独往，的确是在给未来布局。什么是格局？不是励志大师在讲台上滔滔不绝地灌输给听众们的人生理念，毫无道理，还被美其名曰"心灵鸡汤"。格局是一幅高深莫测的画，只可意会，无法用语言阐述，也是上苍给予我们的关爱与考验。午夜的街道上、冰冷的电脑前、熄火的轿车内、宿醉之人的酒杯旁，当第二天的太阳从地平线升起，你必须依旧精神抖擞、意气风发，如果你不具备这样的心理素质，就不要装作自己有格局。坚韧、顽强、无所顾忌支撑起格局的大气与美丽；果敢、冷静、独立展开格局腾飞的翅膀。

胸中有格局，注定与外界格格不入，他们不从众、不随大流，不计较流言蜚语和冷嘲热讽，坚持在孤独中顶风冒雨，只为迎接生命中的辉煌。关汉卿在《单刀会》中说"人无信不立"，我想表达的是，在丛林法则中，"人无格局不立"。格局是我们头顶的蓝天，雄鹰展翅翱翔，它是孤独的王者，从不成群结队，是本性也是命运使然，它的格局没有极限，心里只装着广阔无垠的蓝天。

02

梁博出生在一个中医世家，他自幼耳濡目染，喜欢上了中医药学。大学期间，很多同学把拿到毕业证作为学习的基本动力，梁博却毫不松懈，仍拿出"高三精神"，一头扎进中医药学的汪洋大海里，同学提醒："我们的青春已在'炼狱'中饱受摧残，趁现在还有时间，别那么拼，给青春留一些甜蜜的纪念。"梁博回答道："背负使命的人会永远年轻，我为中医药而生，誓为中医药奉献一生。中医药博大精深，学习永无止境。"

理想够远大，二十世纪五六十年代的口号又响彻云霄。同学们对此嗤之以鼻，认为他有些浮夸，扔下一句"你为理想努力奋斗"后，就外出挥霍即将失去的青春。

梁博不理会他们，该上晚自习还上晚自习，该去图书馆还去图书馆，该去实验室还去实验室。总之，他完全沉迷于中医学的世界里。对他而言，学习中医不是意味着毕业后当一名医生，获得一份工作，拿着稳定的工资。他有远大的追求和与众不同的人生格局，所以他没有时间去挥霍青春，而在其他人眼里，他不切实际，忙碌在白日梦里。除空想主义外，有能力的人，往往与孤独为伴，格局越大越孤独。其中原因，大致可以归纳为两个方面。

首先，格局大，则眼界开阔。地球不是平的，生存伴随着竞争，在残酷的环境中，有人迎难而上，获得许多发展机遇；有人安于现状，留守偏僻一隅，谈不上成功与失败，平平淡淡过一生。格局大的人，不会只顾眼前的苟且，他们的目光注视着远方，用行动铸就激情燃烧的岁月。因为无畏，常人对他产生误会，把他的行为当作瞎折腾，他是孤独的。

其次，格局大，则境界高。我们不难发现，身边格局大的人，不会把自己捆绑在固有思维里，也不会因小事或他人的不理解而愤愤不平。他们明白，要想站得高、看得远，不值得为鸡毛蒜皮之事去浪费时间。他们只衷于内心，专注热爱的事业，甚至不惜孤注一掷，放弃金钱、名誉、权力及安稳的生活。正是这种不顾一切的精神，使他们不被他人理解而活得孤独。这种孤独，仅是常人认知的孤独，他们却享受其中，活得有滋有味。

03

我有一个异性朋友，我们无话不谈，她叫丁晶，在一家装公司做设计师。丁晶会打扮善修饰，虽不能迷倒一片但总能给人留下深刻印象，是男人眼中理想的结婚对象。我曾笑言："你这辈子缺做美娇妻的命，好好苦哈哈地奋斗吧。"她笑得比我还夸张，说："我今生绝不做攀附大树的藤，哪怕三千宠爱聚一身，也别想撼动我傲然挺立的心。"

我了解丁晶，她乍一看文文静静，缺乏女强人的派头与霸气，其实工作起来比女强人还拼。每次拿到新项目，她都带领团队去工地实地丈量，与客户反复沟通，一遍又一遍地修改设计图……不干得昏天暗地、尽善尽美，她决不鸣金收兵。

她效率高，客户满意度高，奖金拿得多，领导表扬的次数也最多，嫉妒也纷至沓来。其他设计师在背后怨声一片，"客户指名道姓让她设计，瞧她美的，还真把自己当成台柱子了。""哼，吃独食，抢大家的饭碗，总有一天会祸从天降，看她还怎么嘚瑟。""领导老表扬她，让我们向她学习，我就看不惯她这德行。""能者多劳嘛，我们在一边瞧好吧……"其他设计师冷嘲热讽也就罢了，她的小助理在背后也是怨声载道，对其他人说："她乐意加班加点是她的事儿，别拖着我一起牺牲休息时间。"

毫无疑问，丁晶成了同事眼里不受欢迎的人，她被同事孤立了。丁晶向我谈及这些奇葩的事时，我问："你遭人白眼，被冷落，一个人在工作台前不孤独吗？"

丁晶回答："我和他们在对待工作的态度上有所区别。他们把设计当成一份职业，我把设计当成事业。如果我与他们混为一体，表面上一团和气，那样才会孤独不已。他们在背后对我指指点点、冷嘲热讽，在我看来仅是无聊的游戏，从来不去解释和回应，是因为我视他们如空气，既然他们在我面前'不存在'，我哪来的孤独呢？"

说到这里，服务员恰好端上一盘热气腾腾的菜，丁晶说："香气弥漫整个空间，勾起我的食欲，现在我只想大快朵颐，哪有心思去研究杯子、筷子、勺子的产地。"

好一个精妙比喻，直教人拍红巴掌。丁晶年纪轻轻，活得透彻明白，在她的世界里，一切为事业让道，如果浑浑噩噩地活着，上对不起天，下对不起地，中间对不起自己。她就是她，一朵充满野性的玫瑰，如火焰般盛放出与众不同的魅力。后来，她离开公司，自己开了一间工作室，为自己的未来开辟新道路。

其实，有格局的人就应该这样。面对琐碎之事，可以视而不见，因为它会分散精力；面对无稽之谈，可以充耳不闻，因为它会扰乱心神；面对不怀好意，可以一笑了之，因为他们无法理解活得通透是如何造就的。

滋养：在独处中喜欢自己

至于如何高质量独处，因人而异，不能一概而论。努力提升自己，是高质量独处；将个人空间打扮得有声有色，是高质量独处；做有意义的事，是高质量独处。总而言之，不因孤独揪心，不因孤独哀怨，不因孤独怨天尤人，你便成功地驾驭了孤独。

在独处中品味静雅之美

01

葛丽泰·嘉宝是位花开好莱坞、香飘瑞典的电影明星，有人用"瑞典的狮身人面像"形容她，丝毫不为过。因为她身上有股与生俱来的神秘气质，可以吸引你的目光，凝聚你的气息，让一种名为"喜爱"的"毒元素"在你体内慢慢扩散。

葛丽泰·嘉宝如此有韵味的女性，出身卑微，十四岁丧父，先在理发店当学徒，后去百货公司当卖帽小妹，偶然机会被一位喜剧导演发现，嘉宝的电影生涯从此开始。1932年在《古斯塔柏林传奇》中担任女主角，嘉宝成了瑞典、德国家喻户晓的明星。短短三年后，她受米高梅公司邀请，进军好莱坞，第一部作品《激流》打破好莱坞票房纪录，后来的《罗曼史》《安娜·卡列尼娜》《茶花女》《大饭店》和《瑞典女王》均成为影史经典。

《瑞典女王》是嘉宝电影艺术生涯的巅峰之作。影片中嘉宝将女王的尊严、魅力表现得出神入化，观众看后的第一反应是嘉宝借"女王"的称谓在表达自己。这一看法，嘉宝本人表示认同，谦虚地说这是自己所饰演的最到位的角色。《茶花女》中她就像一座痴情的大理石雕像，面部轮廓完美无瑕，给人留下纯净、圣洁及不食人间烟火的印象。当然，这是一种近乎仙子的美，凡夫俗子只能遥遥仰望，而在《安娜·卡列尼娜》中，她在莫斯科车站的蒸汽中首度亮相时，眼神里充满迷茫，你猜不透她在想什么或即将做什么，总之谜一般地任她一点点把故事展开。后来，安娜的爱情遭遇滑铁卢，每一次挫折与失落，都让人不由想起她首度亮相时的眼神，你可能会在心底低低地问：命运如此不公，她究竟欠了谁？其实，她不欠任何人，是她给虚无缥缈的虚拟人物注入灵魂和血液，让它活在观众的眼前、心里和记忆中。

被问及婚姻时，嘉宝回答："爱情，我曾爱过；结婚，我不知道，没有人能代替斯蒂勒。"斯蒂勒是帮助嘉宝走上影坛的启蒙老师，四十五岁病逝，我们从她身上看到一则童话叫"独身不嫁"。当然，嘉宝独身与封建礼教中的"一妇不嫁二夫"有本质区别。封建史里亡夫的寡妇或被下休书的弃妇，有太多哀怨和愤慨，嘉宝的情感则是对斯蒂勒的缅怀和思念，是"曾经沧海难为水，除却巫山不是云"，为她的形象再添悲情色彩。

对于电影爱好者来说，不识嘉宝如同《红楼梦》里缺少林黛玉，你的"电影线装史"会轴线短缺，书页松动。遗憾的是，三十七岁那年，嘉宝兑现了《大饭店》中"我想独处"的台词，她从此淡出影坛，过起了深居简出的独处生活，将属于自己的私人空间与时间装点得诗情画意，她还偶尔躲过狗仔队独自漫步于纽约街头，在车水马龙、人来人往中淡然绽放。通过嘉宝的行为，我们可以看到，有时独处不是隐居深山老林，远离尘世喧嚣，而是一种心理状态，眼里有物、耳中有声，却心若莲花，以笃定、虔诚的心态，不受纷繁干扰，用平静打开与外界对话的通道。

　　好莱坞是个名利场，是无数演员梦寐以求的地方。嘉宝息影是个性使然，玛丽莲·梦露则不然。二人对比，一个内敛一个张扬。梦露张扬，最终毁了自己。在我看来，梦露的每一次张扬，像卖火柴的小女孩手中燃起的火苗，让她在很短的时间内看到了希望。然而火柴熄灭后，周围一片漆黑冰冷，她不得不再次点燃火柴以留住希望。这的确是一件可悲的事情，当火柴盒里的最后一根火柴燃尽，梦露穿着高跟鞋，步履踉跄地走上名流聚集的贝弗利山，企图抓住最后一根救命草，却没想到命运再次戏弄了她，被电影公司解雇后她只好孤独地回到寓所里，结束了短暂的一生。而对于好莱坞，梦露的死不过是一个惊叹号，短暂的痛惜过后，视觉盛宴继续上演。嘉宝息影后，导演曾多次邀约，她一概拒绝，同样是个惊叹号。

　　放眼历史，有数不胜数的人，出于种种原因，和嘉宝一样选择独处，享受孤独，即便有绝佳机会可以回归热闹生活，他们也不为所动。这些人中，不乏伟大的艺术家、思想家和品德高尚的圣贤。他们主动卸下社会赋予的头衔与光环，回到普通人中，过着隐居生活，不过是尊重自我，还内心一片清静而已。

庄子在《秋水》中讲了一个故事。话说某一天，庄子在濮水边钓鱼。楚威王听说庄子的学问大得如《逍遥游》中的鲲、鹏一般，就想请他出山，把治理国家的重任托付给他。两位楚国大夫跋山涉水，一路打听，终于找到庄子，毕恭毕敬地传达楚威王的想法。

庄子无视楚国高官，手持鱼竿，专心钓鱼。两位大夫没得到庄子的回话，不敢擅自离去，只得乖乖地站在他身后。庄子想，人家千里迢迢找来，不表个态也说不过去，便说："我听说楚国有一只神龟，已经死了三千年，你们的君王用锦缎把它包裹着，装在竹箱内，供在庙堂中。请问二位，如果这只神龟能重新活一次，它是宁愿早早死去，让你们供奉着彰显尊贵身份呢？还是宁愿活着，整天拖着尾巴在泥水中自由爬行呢？"

庄子给两位大夫出了道选择题。"好死不如赖活着"，是天下人都知道的道理。二人忙说："宁愿活着，拖着尾巴在泥水中自由爬行。"

庄子说："你们回去交差吧，我喜欢拖着尾巴在泥水中爬。"

在俗人争相追名逐利的纷扰世界里，庄子以龟喻己，不为功名、财富、权位所诱惑，拒绝入仕，本身就是一种超乎寻常的人生境界。在庄子看来，独处是"道"额外赠送给芸芸众生的一份礼物，像悬挂在我们家门口的果实，为免受惊扰，以苦涩外表作伪装，实则它的果肉吸足天地之精华、日月之灵气，愚蠢者敬而远之，而庄子慧眼识珠，悟出其中精髓，嗅出其中味道，才在逍遥自在中把独处、孤独演绎得精妙绝伦。

近来看到一个有趣的心理实验，有位心理学家请一名志愿者判断线段的长短。

心理学家给志愿者看了两幅图。第一幅图中有一条线段；第二幅图中有三条线段，其中第二长的线段与第一幅图中的线段一样长，另两条一短一长。五名知情者与志愿者共同参与实验。看过图后，六人采取抽签的方式决定回答顺序，心理学家暗中做手脚，使志愿者抽到六号，最后一个回答。第一轮中，五名知情者依照顺序做出了正确回答，六号志愿者也做出了正确回答；第二轮，心理学家先把第二幅图中线段的位置做调整，再做手脚，志愿者又抽到六号，其他五名知情者根据抽签顺序依次进行回答。数轮问答过后，与其他几轮实验一样，心理学家调换了线段位置，让志愿者抽到六号签。这次，几名知情者"睁眼说瞎话"，统一回答第二幅图中最长的那条线与第一幅图中的线段一样长。

志愿者犹豫再三，决定不相信自己的观察，采取从众做法，也回答第二幅图中最长的那条线段与第一幅图中的线段一样长。通过志愿者的犹豫行为我们可以发现，他明明知道前五位"知情者"判断错了，如果不选择他们认可的线段，他会觉得自己受到排斥，被群体抛弃。倘若出现这样的结果，孤独、焦虑将直接影响他的情绪。为了满足归属感，回到群体中，他认为自己可以接受说谎。压抑个性，寻求大家的认可，就是为了摆脱孤独。可见，害怕孤独实际上是害怕被群体抛弃。

依赖于群体是人类生存、发展的基本属性，但我们不可能不独处。勇敢摆脱对群体的依赖，试着独处，当孤独来临时，强迫自己放下手机、关掉电脑，去感受它、品味它。当我们不再逃避，不再利用分心而得到心灵上的满足时，就能真正了解它、面对它。当战胜孤独后，你会发现，我们可以做自己的主人，不再需要一些娱乐让自己分心，甚至任何时候都不会觉得无聊。

赫胥黎说："越伟大、越有独创精神的人越喜欢孤独。"有的人因为过于优秀、过于聪慧或过于纯粹而孤独；有的人因处处受挫，失去了与自己朝夕相处的朋友、伴侣、宠物而孤独；有的人因为拥有远大理想却无处施展才华而孤独。刘勰终生与大自然为伴，这种孤独成就了中国文艺理论的先河之作《文心雕龙》。齐白石说："夫画者，本寂寞之道。"他闭门谢客十年，潜心研究画法，声言"饿死京华，公等勿怜"，最终成就一世美名。黑格尔二十三岁时获得神学博士学位，然后当了六年家庭教师，在孤独中摘抄了大量书籍，写了大量笔记，最终成为德国古典哲学集大成的伟大思想家和美学家。

从某种意义而言，人生是一次长途跋涉之旅，时而山高路险，时而一马平川，时而春风得意，时而谷底蹒跚。无论处在哪个阶段或哪个时间点，我们都需要停下来歇歇脚，补充能量。这时，独处仿佛是冰水，没有任何杂质与污染物，在凉爽和清冷之间映射出静雅之美，让我们冷静地思考下一步该如何走。

积极使人创造奇迹，消极使人一败涂地

01

孤独无影无形，我常把它描述成游手好闲、偷鸡摸狗、不务正业的小混混，遇到弱者马上露出狰狞的面孔，遇到强者就点头哈腰、百般讨好，生怕对方踹它两脚。

这里，弱者包括自以为是者、自我封闭者、偏执者、情绪不稳定者、逆反性格者、爱发牢骚者、喜好占小便宜者、意志不坚定者、喜新厌旧者。此外，还有一类——羡慕别人，抱怨命运不公，遇到挫折便一蹶不振的人。而强者，实际上是主动寻求孤独的人，孤独对于他们而言具有积极意义。

世界上有许多事情需要经历孤独的考验才能完成，文艺领域中比比皆是，雨果在孤独中创作出《巴黎圣母院》，托尔斯泰在孤独中创作出《安娜·卡列尼娜》，曹雪芹在孤独中创作出《红楼梦》，卡夫卡的短篇小说、凡·高的《向日葵》系列、莫迪利亚尼的女性肖像人体画系列，也都是在孤独中创作出来的。毕加索虽有大把情人，许多画作也都是在孤独中完成的。至于哲学家，十个人中有九个孤独，那位不孤独者，虽整天门庭若市，内心却孤独如海。可见，要达到超高境界和人生目标，必须在孤独中蜕变，因为幸运女神钟情于经历过种种磨难与考验的人。

心理学中的"暗示效应"是指在没有对抗的条件下，用含蓄、抽象的方式诱导他人的心理，对其行为产生影响，从而诱导他人按照一定的方法行动或接受某种观点及意见，使其思想、行为与暗示者期望的目标相符合。例如，如果每天都有人对你说"怎么这么简单的事情，你都办不好""你是笨蛋吗？怎么脑袋这么蠢""你怎么这么差劲呢"……过了一段时间后，你会发现自己渐渐被他人催眠成一个"不行"的人。

为什么会出现这种情况？心理学家进行深入研究，发现意志力越薄弱、越不自信的人，越会受到他人暗示的影响。换句话说，如果一个人非常自信，意志力非常坚定，即使别人对他进行消极的、负面的暗示，也不会达到预期效果。

同样的道理，"暗示效应"可以用于对孤独的理解。弱者通常会进行消极的自我暗示，不希望孤独出现，岂料它铺天盖地而来，弱者只能在痛苦中反反复复地接受孤独的盘剥与摧残，这种由消极引发的孤独，称为"消极孤独"；反之，强者积极主动地接纳孤独，孤独会为强者创造时间与空间，这种由积极引发的孤独，称为"积极孤独"。

与消极孤独一样，积极孤独也属于个人体验，外人无法理解，它苛刻、冷酷、无情，有时手段比《白毛女》中的黄世仁还残忍，但能让强者浴火重生。

02

著名哲学家、数学家、科学家笛卡尔为人随和、不拘小节，不善交际，讨厌聚会。他无法像康德那样终生居住在一个地方，也不像叔本华、尼采那样拒人于千里之外，面对人情世故，笛卡尔只能选择逃避。纵观他的一生，他频繁更换居住地点，目的是避免熟人打扰，以精心研究学问。

笛卡尔从普瓦提埃大学毕业后，正式开始了逃避熟人打扰的生活。1617 年，他成为一名荷兰军人，当时荷兰处于和平时期，笛卡尔在军中享受了两年的沉思生活。1619 年，他加入巴伐利亚军，据罗素介绍，"1619 年和 1620 年，巴伐利亚的冬天非常寒冷，笛卡尔早晨起床就钻进一个大火炉子里，在里面一待就是一整天，据笛卡尔自己描述，《方法论》的基本框架和核心观点就是在这一时期完成的。"有人对笛卡尔钻火炉子的行为提出质疑，罗素特意做出注解，"笛卡尔所说的火炉子，在一些旧式巴伐利亚住宅中确实存在，它完全可信。"至于火炉子的结构是什么样，笛卡尔和罗素都没有具体描述。不过，罗素提醒我们，不要太拘泥于字面意义，"火炉子"代表温暖，他的思维在温暖中显得格外活跃。就像苏格拉底喜欢在雪地里沉思一样，我们不能固执地理解为，苏格拉底必须站在、坐在、躺在或趴在雪地里，才能对哲学问题进行思考，"雪地思考"具有象征意义，象征苏格拉底在寒冷的状态中思维异常活跃。

1621 年，笛卡尔退伍回国，那时法国正值内乱。1622 年他干脆卖掉父亲留下的资产，以旅游的方式寻求孤独。1625 年，笛卡尔来到巴黎，在那里定居下来。他生性慵懒，有时睡到中午还不起床，一些朋友得知他的住址后，隔三岔五地前来拜访，严重干扰了他的生活。笛卡尔决计逃避，于 1628 年再次投身军旅。一年后，他脱下军装，去荷兰安家，在荷兰住了二十年，期间多次搬家。他首先来到一个乡下小镇，在那里度过一段以思索和写作为主的孤寂生活，随着当地人对他逐渐了解，他的生活不再安静，他决定离开这里，搬到阿姆斯特丹。作为荷兰首都，阿姆斯特丹庄严、古老、和平、安静，的确是一个理想的栖身处所，五年后他突然离开，前往荷兰的另一个小镇。由于遭遇了同样的麻烦，周围熟悉他的人又聚拢过来，他再次被迫卷起行囊来到乌得勒支。当时，该地宗教冲突异常严峻，笛卡尔既担心又厌恶，1636 年他离开这个是非之地，来到荷兰西部一座名叫莱顿的城市。

像所有孤独者一样，笛卡尔对大自然怀有特殊的情感，莱顿的天空蔚蓝幽远，草地嫩绿柔软，空气清新自然，他在这里度过了一生中最为愉快的岁月。但好景不长，瑞典女王向他发出盛情邀请，请他到宫廷里当自己的专职教师，罗素认为这是笛卡尔的"不幸"，因为这位女王"是一位博学而热情的贵妇，她借女王之名，有权浪费伟人的时间"。1649 年 9 月，笛卡尔搭上女王派去接他的军舰，来到瑞典。

女王喜欢早起，要求笛卡尔每天清晨五时至七时给她授课，而笛卡尔喜欢在夜间思考，多年来养成了睡到中午的习惯。当睡觉与授课产生冲突时，他只得牺牲睡眠时间而满足女王的要求。生物钟突然被打乱，加之身体虚弱，不久后他一病不起，数月后于 1650 年 2 月与世长辞，享年五十四岁。

笛卡尔在荷兰生活的二十年里，为避免外人打扰，他拒绝学习荷兰语，荷兰裔美国人、历史地理学家房龙在著作《与世界伟人谈心》一书中写道："一个人独住异国他乡，不愿学习当地语言，简直是一件不可思议的事情……邻居善良、热情，坚持要拜访这位孤独的陌生人，请他喝酒、聊天，谈论家长里短，他对邻居的邀约尽量推脱，因为他沉溺于对知识的渴求之中，不想把时间浪费在种种琐事与应酬中。"

笛卡尔终生未娶，有一私生女，五岁时不幸夭折。一天，他做了一个奇怪的梦，醒后他说："我能不能怀疑自己穿着衣服坐在火炉旁边？能。我有怀疑的权利。问题是我当时明明赤身睡在床上，梦中为什么偏偏出现在火炉旁？"国外版"庄周梦蝶"，使笛卡尔悟出"我思故我在"的哲学命题。

笛卡尔的一生并不复杂，反而很单纯，他自我隔离，追逐孤独，用孤独贯穿生活的每一个细节，常人无法理解，然而他的内心是充实的。因为追逐孤独的人，从来不会因孤独而迷茫、彷徨，他们如同悬崖峭壁上的雄鹰，飞翔在无际的天空中，他们表情严肃，目光如炬，俯视芸芸众生的模样庄严神圣，所有生灵见之无不肃然起敬。

03

　　有人或许会说，笛卡尔主动追逐孤独，是为了干大事、成就大名声，我们是普通人，只想衣食无忧，平平静静地过完一生。如此想法，可以理解。

　　任何人都是赤裸裸地降临到世界上的，名人也好，伟人也罢，他们出生时头上不会顶着名人、伟人的光环，而是与我们一样普通。他们之所以成为名人、伟人，是因为有了一个伟大的想法，这是我们与名人、伟人间的差距，也就决定了我们的社会价值与社会认可度没有他们高。但别忘了，孤独平等地对待每一个人，不会厚此薄彼，消极处理或积极应对，取决于个人意志。

　　"消极孤独"者依赖心理非常强，当孤独出现时，总希望借助他人的力量摆脱孤独。"积极孤独"者不受他人左右，自己能做出判断和抉择，当孤独出现时，可以有效把握，不会为孤独所困扰，在孤独中享受生命的美好。

　　"不负今生"，是许多人曾经立下的誓言，走着走着，便被世事沧桑涂抹得面目全非，失去了当初的模样。不虚伪，做真正的自己，必须积极面对孤独。刚开始，的确会有些困难，当了解孤独，尝到孤独的甜头后，你会发现它冷漠面孔的背后是迷人的微笑。所以，追逐孤独，与孤独为友，如同嚼橄榄，越嚼越有滋味。

一个人最好的增值期

01

"低质量社交，不如高质量独处"。相信很多朋友深受"低质量社交"之扰，我也是其中一员，当时自以为很快乐，现在回过头来总结，发现不过是一场滑稽可笑的闹剧。

我性格内向，朋友圈窄得蚂蚁抬腿即可跨过，用惨淡形容当时的生活状态，毫不夸张。由于刚来到一座陌生的城市，每天下班后，我焦虑、迷茫、孤独，不知道如何打发闲暇时间。人们常说家是温馨的港湾，我却不愿回到住处一个人独处，那里冰冷、空洞，令人感到瘆得慌。不想回去，又不知道去哪里，我如一只迷失方向的燕雀，大脑一片空白，一路穿街过巷，累了，就坐在马路牙子上歇息片刻，缓过劲儿后继续瞎走瞎逛；饿了，就找个路边摊，随便吃些东西；渴了，就买一瓶矿泉水，边走边喝。就这样，直到把自己累得浑身发软，才拖着一身疲惫返回出租房内。

我的状态，被唯一一位可以交心的朋友发现了。朋友是一个心理咨询师，从事心理辅导工作，他专门抽出时间来看我，给我讲丛林法则，向我灌输"酒香也怕巷子深"的理论，鼓励我走出去，把自己"推销"给他人。

朋友的好意，我奉为当前最高行动指南，且严格执行。

首先，要与同事搞好关系。每个人都有自己的朋友圈，得到同事的认可后，由同事带领，我就可以进入他的朋友圈。

其次，发挥聊天软件或论坛的优势。在虚拟世界里，我广泛撒网，积极添加陌生人为好友或去论坛跟帖发帖，对于回应者，我从不懈怠，精心呵护关系，把对方视为潜在的朋友。

最后，参加线下活动。关于这一点，我给自己画出底线，只要不违法就行，至于活动质量，不是重点。搞笑的是，有一次我竟然一头扎进老年健康培训现场，屋内坐满了大爷大妈们，当时的尴尬场景可想而知，幸亏有一个大妈帮我解围，说："小伙子，你是替父母来听讲座的吧。"我强迫自己挤出笑容，点头称"是"。现场的大爷大妈们知道后，纷纷鼓掌，说我是孝顺儿子。结果，我被几位年龄相仿的举办者临时推举为"孝心大使"。高帽扣得结结实实，随之而来的是一堆保健产品堆在眼前，不买说不过去，在众目睽睽之下，"孝心大使"可不能对不起爹妈，我只得打碎牙齿往肚里咽，把半个月的工资交给举办者。

就这样，我四面出击，半年下来，还真认识不少新朋友。为应酬各种聚会，我乐此不疲，将大把的时间扔在喝酒聊天上。直到一件事的发生，改变了我对扩展人脉、广交朋友的看法。当时，父母急需用钱，我每月工资几乎全搭在吃喝玩乐上，于是给几位我自认为比较铁的朋友打电话借钱，希望他们在关键时刻伸出友谊之手，以解燃眉之急。

可是这些所谓的铁哥们一个个比我还可怜，其中一位比杨白劳还惨，我一时心软，竟然忘了自己给他打电话的目的，把准备交房租的钱借给了他。不得已，我向做心理辅导的朋友求救，他给我送来了温暖。

什么是真正的朋友、铁哥们？是在你遇到困难时，毫不犹豫地做你坚强后盾的人；是你挂在悬崖边缘，伸手把你拉上来的人。我所结识的这帮人，不过是吃吃喝喝、玩玩乐乐的过客而已，关键时刻他们或掣肘或溜之大吉或在一旁看热闹，更有甚者，还会掉头踹我一脚。

劳神耗时，散尽薪水，我恰如竹篮打水一场空。一番反思后，我与他们彻底割裂，回到原来的生活中，独处时当孤独袭来，我设定目标，让自己充实起来。从对抗孤独、适应孤独到享受孤独，我逐渐蜕变成另一个自己。

回想那段沉迷于社交的日子，我不禁哑然失笑，而朋友当初的好意依然暖在我心里。把他的建议导演成一出荒唐的闹剧，主要原因在于我陷入了低质量社交里。我在本该努力提升社会竞争力时，选择随波逐流，把自己扔入低质量社交里，是本能对孤独的排斥，想用低级方式驱赶孤独，换来美好明天，这种想法只能用"幼稚"来形容。当本能选择逃避而不去面对时，表面上热热闹闹，好不风光，然而曲终人散后，你还是你，依然孤独难耐。就像烟花，五彩缤纷过后，空气中飘散的硫黄味道提醒你，剩下的一地寂寥与灰屑在等待你。

02

法国女作家玛格丽特·杜拉斯是位写孤独的高手，与张爱玲颇为相像。玛格丽特·杜拉斯的《树上的岁月》《琴声如诉》《罗马对话》《情人》《诺曼底海滨的妓女》等小说中的主人公在面对孤独时，常常表现出嗜睡、遗忘、暴躁、疯癫等极端行为，张爱玲的小说主人公则用无语、无奈、无助等含蓄的表现进行表达。两人在对待孤独的体验上也有所不同，张爱玲用沉默的方式泰然处之，玛格丽特·杜拉斯则直言不讳地表达孤独时的状态及感想。

玛格丽特·杜拉斯出生在法国，父母是当地的小学老师，因轻信政府宣传，举家背井离乡来到法属印度支那殖民地，梦想着能在异地发财。玛格丽特幼年时，她的父亲撒手人寰，母亲靠微薄的薪水抚养三个孩子。身在异乡，因语言、习俗不同等诸多不便，她无法像正常孩子一样健康成长。随着年龄增长，她的孤独感越来越强烈，尤其是在夜深人静时，她困得双眼似乎被人用针线缝住，而刚躺到床上，困意立马跑得无影无踪，黑暗中孤独就像魔鬼一样围着她跳舞，把她折磨得痛不欲生。

为了减轻孤独感，她开始酗酒，在酒精的麻痹下玛格丽特产生幻听，听到孤独发出响声，她说："酗酒无法缓解孤独，只能增加心脏负担，让心跳加快。"

后来，玛格丽特爱上写作，找到拯救自己的途径，喜欢上了孤独。在玛格丽特的生命里，如果孤独没有出现，她可能就是一个平凡而普通的法国女性。

起初，玛格丽特不喜欢独处，由于环境的特殊性，她不得不被动接受。被动接受意味着不情愿、不甘心，容易产生逆反心理，玛格丽特为此吃尽苦头，当她发现自己有写作天赋，把注意力转移到写作上后，孤独变得不再陌生可怕，她在心理上开始接受孤独、喜欢孤独，把孤独当作朋友，她也因独处而成就了自己。

03

我有一个朋友，他一直独自一人，大学四年没谈过恋爱，也不跟随同学参加业余活动。毕业后，他进入一家文化公司，由于个人素养高、能力强，很快得到升职。他每天下班后回家做饭，然后看书、锻炼、写作，周末去公园转转或一个人看电影。他健谈，情商高，却很少与人聊天，也很少发朋友圈。

在他看来，这样的状态很好，虽然有时也会寂寞，也想与人交流，但是想到不过是无聊的应酬，也就罢了。至于谈女朋友，他知道自己喜欢什么样的女生，但是他认为在未遇到那个人之前，还是利用独处时间，让自己变得更优秀吧。

关于独处，我很喜欢德国哲学家康德说过的一句话："独处时，我是孤独的，我是自由的，我就是自己的帝王。"问题是，许多人并未真正理解这句话中的"孤独""自由""帝王"的深意，诚如许多人想高质量独处，却依旧拿着手机不放，依旧懒得学习、懒得运动，只想怎么舒服怎么做，无疑是对高质量独处的亵渎。

至于如何高质量独处，因人而异，不能一概而论。努力提升自己，是高质量独处；将个人空间打扮得有声有色，是高质量独处；做有意义的事，也是高质量独处。总而言之，不因孤独揪心、不因孤独哀怨、不因孤独怨天尤人，你便是独处的成功驾驭者。

不懂孤芳自赏，怎能满园芬芳

01

有个年轻人，认识一群志趣相投的朋友，他们经常聚集在年轻人租住的房间内，谈论相同爱好。年轻人收入不高，生活条件差，但一天到晚都很快乐，艰苦的环境似乎没有给他带来困扰。

朋友问他："兄弟，每次见到你，你都这么开心，把你的经验分享出来，让我们也开心一下。"还有人打趣道，整天挤在这间简陋的小屋里，阴暗又潮湿，还有蟑螂出没，有什么可高兴的呀。

年轻人说："能和你们在一起，相互交流心得体会，增进彼此情感，这是再多金钱也买不到的，难道不是一件开心的事吗？"大家想了想，觉得也是，于是陪着年轻人一起穷乐呵。

天下没有不散的筵席，再好的伙伴也有分开的时候。这帮志趣相投的朋友，有的去了外地，有的把兴趣转移到其他地方，有的结婚成家。数年下来，这间简陋的房间内几乎不再有朋友光顾，年轻人没有因为朋友相继离开而难过或搬到其他地方，他每天依然过得很开心。周围的人很不解，甚至认为他心理有问题。他不在乎别人如何想、如何看待他，每天该怎么过还怎么过，该怎么乐呵还怎么乐呵。

有位好心人实在看不下去了，拉着他的胳膊，说："年轻人，每天见你独自出入，还很乐呵，难道你从来就不知道什么叫孤独？"

年轻人有些纳闷，反问道："我每天过得很充实，您为什么说我孤独？"

突如其来一反问，把对方问住了，"可我……"

年轻人明白了，乐呵呵地说："您请！"他把那人请到屋内。

房间很小，书籍被码放得整整齐齐，年轻人指着那些书籍，说："有这么多'老师'陪伴，我可以随时向它们请教，它们不会厌烦，还会耐心地给我讲解。您说，我孤单吗？我能不开心快乐吗？"好心人恍然大悟。

独处不易，把独处时的孤独从身边赶走，需要投入超乎寻常的专注力。年轻人独处时不孤独，是专注力发挥了重要作用，他"两耳不闻窗外事"，每天从书本中获取知识和力量，心理学上把这种现象称为"洛克定律"。该定律由美国学者埃德温·洛克提出，他认为：有专一目标的人，才会专注于行动。生活中，当非常专注于一件事时，即使外界有再多诱惑也会不为所动。

年轻人通过读书得来的快乐，让我想到有一种孤独叫孤芳自赏。所谓孤芳自赏，是有自恋情结但不狂妄自大、不目光狭隘、不原地徘徊，也不对未来产生懈怠，是敞开胸怀主动拥抱内心的另一个世界，是从各种应酬、博弈以及人际关系中抽身出来给予心灵以关怀，是历经沧桑后不颓废、不消沉、不怨天尤人，仍对明天保持热情。

一提到独处，人们眼前往往就会出现孤单、落寞的画面。所以大多数人害怕独处，不希望面对被别人遗忘的处境，宁愿每天忙碌、应酬或玩乐也不愿进入独处状态。尤其是对于心理脆弱，处于单身状态的轻熟女仿佛更残忍，总能让人联想到一副可怜兮兮的模样及充满哀怨的无助眼神。

人总有落单的时候，你不可能把时间全部交给工作，因为你的精力毕竟有限；你不可能完全指望哥们在你孤单时出现，因为哥们也需要与他的朋友应酬；你不可能总依赖男友，因为男友也会临时有事或去外地出差。

孤独黏上了你，你今天注定要落单，要独立支配一个人的时间。惶恐不安没有任何意义，这种情绪不能分散独处带来的压力，相反，还会给你增加压力。人生的旅途中有许多风景注定要一个人欣赏，生命里的许多味道注定要一个人品尝，孤独也注定要一个人面对。独处不可怕，可怕的是把独处时的孤独当成寂寞。独处能让你拥有一段完全属于自己的时光，有足够时间与空间去孤芳自赏，感受来自心灵深处的迷人气息。你可以读一本书、听一段音乐、看一场电影；也可进行一次大扫除，把房间打扫得干干净净；还可以一个人蜷缩在床上翻看旧照片，回忆以前那些感动的事。

02

在电脑前坐得久了，我的心态失去平衡，注意力无法高度集中。这时，我会出去走走，去经常去的地方。河还是那条河，路还是那条路，道边的花花草草向我打招呼，见到它们如遇老朋友，我的心情也渐渐舒畅了。

河边绿道设计得很人性化，每隔一段距离就有专门搭建的供行人临时休息的场所，面积大约十平方米，由混凝土柱撑起，上面铺设了实木地板，摆放有仿木质桌椅凳子。不知何时，在一处休息场所内，出现了一位吹笛子的长者，他面前摆着乐谱夹，上面夹有乐谱。岁月如同雕刻刀在老者的脸上横七竖八地留下一道道深深浅浅的沟壑。左看右看，反复再看，我丝毫无法从他身上捕捉到一点艺术气息，反倒从他消瘦精干的轮廓中猜测出，他年轻时一定是个出力干粗活的主儿。有时，我故意停下脚步，听老者到底吹的是哪一曲，可能是我鉴赏能力差或脑子里储存的乐曲太少，牵强中愣是未能对号入座。

不带任何夸张成分，从他的笛子中挤出的声音，是我迄今为止听过最难听的"音乐"，它断断续续、忽高忽低，该软绵悠长时却中途断了气，该戛然而止时却拖出长长的尾音。在我看来，这根本不是音乐，而是在用手指在笛管上磕碰火星子。

一次，我竟意外偷听到一对老夫妻的窃窃私语，信息当然对老者不利，二人说他没有一点音乐细胞，还自不量力非要吹出个"哆、来、

103

咪、发、唆、拉、西"。担心老夫妻发现我产生尴尬，此处不可久留，一秒钟也不能耽误，我紧捂嘴巴，快步悄然离去。走出十多米，再扭脸，发现老者依旧专注、认真，陶醉在自己的音乐世界里。

遇到的次数多了，老者的笛艺依旧停留在初学阶段，我与他渐渐熟悉起来。有时我会坐下来，把听觉系统关闭，只用眼睛或远眺或近观数米外的悠悠流水，老者冲我点一下头算是打招呼。有时，他会停下来，喝一口水，调整一下气息，与我唠几句闲嗑儿，再继续演奏。

一天，我刚坐下，老者显得很高兴，说："小伙子，我终于能够完整地吹奏一首曲子了。"我向老者竖起大拇指，同时在心里默念"千万别吹给我听"。显然我在杞人忧天，老者没有恩赐于我的意思。他将笛子放在一边，起身走过来坐在我身边。我们漫无边际地聊了很多，从日常琐事到天下纷争。末了，老者说，他出来吹笛子，老伴坚决反对，说他丢人现眼。我打圆场说："您这是老有所乐，丰富晚年生活，多快活呀！"

老者先叹了口气，再调整语气，说："我知道自己能力不行，所以必须要有孤芳自赏的勇气。别人如何看待不重要，我自己开心快乐就行。"

对音乐毫无基础，还要痴迷其中，是勇气；用孤芳自赏总结自己，本身就是对真实自我的勇敢剖析。我彻底折服，衷心为老者点赞。生活无论过成什么样，懂得孤芳自赏的人，必然会创造出属于自己的成就与奇迹。

03

《卡萨布兰卡》是一部经典老电影，七十多年后，男主角酒吧老板克里的扮演者亨弗莱·鲍嘉仍然是男性影迷心中的英雄，女性影迷的梦中情人。

鲍嘉自幼孤独叛逆，上学期间因违反校规被开除，后应征入伍，参加过第一次世界大战，退伍后对表演产生兴趣。有人说，粗粝、脆弱、匪性成就了他。的确如此，但不够全面，他塑造的角色基本以孤独、低沉、愤世嫉俗的形象出现在银幕上。拍片间隙，鲍嘉喜欢独处，思考如何把角色拿捏到位，有时对着镜子反复观察自己扮演的角色抽烟时的模样，片场人员戏称他孤芳自赏，他说这样做才能更好地把角色把握到位。

他主演的影片中，除了接吻与把枪时外，平时嘴角总叼着烟。这一孤芳自赏的行为成为经典形象，周润发和法国的贝尔蒙多是最好的传承者。《英雄本色》系列中，周润发无论用美钞点烟，还是身负重伤时嘴角垂着烟，抑或中弹倒下时烟灰凝固在烟蒂上，均为纯正版的"鲍嘉姿势"。贝尔蒙多本身就是鲍嘉的影迷，他把鲍嘉抽烟的动作模仿得惟妙惟肖，巧合的是《断了气》的导演高达也是鲍嘉的影迷，选演员时毫不犹豫地看中了贝尔蒙多。我们看到《断了气》中有这样一个细节：叼在嘴角的烟随时会掉下来，长长的烟灰在空气中颤抖，贝尔蒙多毫不在意，他让烟灰在空气中生长，长到观众心神不安时，才取下香烟，右手食指轻弹一下，又叼上……看似漫不经心，实则是对鲍嘉经典动作的回放。一个演员，能做到这种地步，说明他对鲍嘉太熟悉了，也说明鲍嘉的孤芳自赏"毒害"了许多人。

观看《卡萨布兰卡》的次数多了，鲍嘉每一次出镜时我都会细细思量，甚至画出问号。电影进行到四分之三时，伊尔莎到里克那里要丈夫的通行证，里克不给，她拔出枪，说："如果你知道当时我有多爱你，现在我就有多爱你。"接着两人紧紧拥抱在一起，银幕上出现黑夜中的机场、探照灯等其他场景，持续时间大抵三秒半。三秒半的时间内，他们在做什么？我认为那是爱情的空间，是你中有我、我中有你时的孤芳自赏。

给自己一次救赎，未来不再孤独

01

龚玥出生于书香世家，自幼读唐诗宋词，随年龄增长，四书五经、经典名著，无不成为她的枕边书或课余读本。就这样，她一路读下去，高三那年如愿考上心仪的大学。

长期受传统文化的滋养，龚玥由内而外散发出优雅的气息，静时犹若一副古代仕女图中的女子，羞红了朝霞，惊呆了夕阳；动时恰似花仙子翩跹起舞，淘气的小鸟不忍歌唱，林荫道旁的小草不再交头接耳，即便微风拂来，情愿牵着她的发梢左右荡秋千，也不愿带着思念离开。"女神"驾临，男生们蠢蠢欲动。有人说，大学是恋爱的季节，不懂恋爱或没有经历过恋爱，大学生活算是浪费了。

校园的夜别有一番韵味，青石板铺成的小道上，灯光迷离着眼神，一路蜿蜒而去，情侣们或挽手或并肩缓慢而行，偶有落单者三步一徘徊，五步一张望，撅着小嘴故作生气状等待迟迟未出现的情郎。男为阳，女属阴，夜是她们天然的魂，白天那些被小虫子吓得失魂落魄的女生们，在夜色的护佑下现出原形，她们宁肯冒着被树枝、尖刺刮破衣服、划伤脸庞的风险，也要准时赴约。于是，在密林夹缝中的长椅上，恋人们卿卿我我，哭是两声笑也是两声，呢喃低语此起彼伏。

在这场只有开始、不计后果的爱情盛宴面前，龚玥不为所动。在她看来，穿着体面、只会大把花钱的男生，俗得只剩下显摆的份儿了；十年苦读、衣着朴素、来自乡下的学子，与自己没有共同语言；英俊洒脱、风度翩翩者太招眼，靠不住……总之，对于前赴后继的追求者，没有一个能让她动心。其实，每个女孩情窦初开后，心里都藏着一个白马王子。龚玥也不例外，心里也有对白马王子的期待，她不要求对方貌若潘安，但必须谈吐儒雅又不失现代风尚，只有这样的人才能与她那颗散发着兰香的心相称。

毕业后，龚玥返回养育她的城市，在文化馆里上班。她很喜欢这份清闲与安逸，即便日子再单调，在她的精心打理下也变得暗香四溢。

时光经不住翻动书页的考验，五年一晃就过去了。她身边同龄的姑娘相继结婚生子，而龚玥成了大龄"剩女"。父母没少操心，托朋友找熟人，帮她安排了一次又一次的相亲，结果一次又一次地失败。父母猜不透女儿的心思，只得苦口婆心地劝说道："只要你看得上，对方哪怕是'河马'，我们也不嫌脸大；只要你乐意，哪怕对方长着长颈鹿般的脖子，我们也没脾气。"龚玥扑哧一笑，不做任何回应。

"该结婚的年龄不结婚，莫非生理有问题？"流言传到龚玥的耳朵里，让她既生气又好笑。每到饭点，母亲就如例行公事般先唠叨一番："都说有女不愁嫁，拿你真没办法；你不着急，爸妈的老脸顶不住流言蜚语；闺女听妈一句，人没有十全十美，凑合嫁了吧，就算爸妈倒贴，心里也乐开花。"

内外压力下，龚玥动了随便找个人嫁了的想法，就在她降低标准的一刹那，那位住在她心里的白马王子深情走来。她震住了，冥冥中姻缘告诉她：宁缺毋滥，坚守底线。她心一横，情愿为心中的白马王子等一辈子。

"孩子这么优秀，找不到对象，可能心理有问题。"经邻家婶婶提醒，父母反复劝她去咨询心理医生，龚玥答应了。

一个雨天的下午，龚玥边走边仰头看雨点在行人的伞面上溅起的美丽花朵。这是一种别样的情怀，她想起古代女诗人、女词人写的关于雨天的诗词，竟然好几次差点与正常行驶的轿车亲密接触。

见到心理咨询师，握手时，她手指冰凉，面色苍白，眼神空洞，声音如同从空中飘来般无力。龚玥所表现的一切，都在向心理咨询师暗示：我很绝望，你有能力帮我找到心仪的"他"吗？

双方由浅及深，交流相当融洽，龚玥说："同学、朋友相继走进婚姻的殿堂，我也想早日披上婚纱，可现实无法给我一个满意的回答。""我不是那种高不可攀的人，只想在对的时间遇到对的人。""一次次相亲使我变得麻木，只好走过场般敷衍了事。""我的要求很简单，父母无法理解，我只能孤独地躲在自己的世界里，期盼下一个相亲对象让我眼前一亮。"

龚玥把内心的委屈全部倒出来，整个过程，心理咨询师坐在她对面始终保持微笑的表情。在他看来，龚玥择偶出现尴尬，是因为她把自我提前预设的完美对象锁在了一个匣子里。相亲时，她没有把注意力集中在发现对方的优点上，仅用心中完美对象的条件审视对方，稍不匹配，直接扣分，扣得越多，她心情越差，越感觉没有交流下去的必要。

心理咨询师建议她关闭检索缺点的雷达，逼着自己发现对方身上的优点，同时建议在相亲时给对方建立"优点积分表"，比如彬彬有礼加两分，态度和善加两分，衣着整洁加两分，举止大方加两分……龚玥将信将疑，但还是按照对方的建议去做了。后来，她又与心理咨询师交流数次，分享相亲感受。

通过"优点积分表"，半年后，龚玥如愿以偿地步入了婚姻的殿堂。她的丈夫是一位中学教师，在偏远的乡下教书。她与他是在公交车上偶遇的，当心理咨询师问龚玥，他是否是她心中的白马王子时，龚玥很骄傲地回答道："非他莫属。"

02

上中学时，我的语文老师是一个刚分配下来的大学生，他经常发表文章，说话很深奥，动辄把黑格尔、尼采、柏拉图等大师们搬出来，听得我们一愣一愣的。记得他曾说过："世界上没有一个人是完美的，如果一个人让所有人都喜欢他，那是一种病态！"进入社会后，经历过种种波折和历练，我才真正认识到老师那句话的内涵与外延。

说到底，完美如同海市蜃楼，给人无限遐想，现实中却遥不可及。力求完美是一种积极的心态，绝对完美不可能存在，因为每一个人都被上苍划了一个缺口。比如，长相惊艳的人未必拥有智慧的大脑，腰缠万贯的人却病痛缠身，身份显赫的人可能夫妻不和，人前风光并非一好百好。美丽在于真实，纵然有缺憾，也无与伦比，比如断臂的维纳斯，成就了绝世精品。生活中没有必要用完美的眼光苛求自己与他人，只要足够真切，就会绽放出灿烂光辉。

朋友曾问我，对于完美主义者最大的折磨是什么？

我回答："累心。苦苦追求，却始终达不到想要的完美目标，还把好端端的生活拆解得七零八落。"

朋友补充道："应该还有孤独。我们之所以内心充实不孤独，是因为与人或物存在联系，感觉系统得到了满足。倘若无法达成所愿，内心世界始终空缺，必然会产生孤独。越追求完美，越孤独。"

至今想起，我仍然认为朋友的话甚为通透。如果你还行走在追求完美的道路上，对孤独一定不陌生。职场上，不停地换工作，认为不是薪水太低就是领导太刻薄，你会感慨，找个理想工作为何这么难；人际关系上，频繁出入社交场所，认为不是对方存在这样的缺点就是那样的不足，挑剔中朋友离你远去，你独自站在原地数落人性太脆弱；爱情中，交往过很多异性，认为不是对方不够温柔体贴就是木讷、不注重细节，当你独自面对午后的咖啡或午夜的宁静时，可能会想，上苍太偏心，为什么不赐予我一位集优点于一身的伴侣。

也许你风趣幽默、学识广博、重信义守承诺，很容易获得一份友情。起初，你以为遇到了符合标准的人，随着交往的深入，发现对方颠覆了你的认知，肤浅、不靠谱、自大、张扬等标签在你的思绪中出现，你就像龚玥一样，给他们一点点地扣分，扣着扣着就把友情扣没了，只剩下孤独。

完美不是贬义词，它让你对世界多了一份期许，让你去探寻更为精彩的自己。换个角度重新看待世界，每个人、每件事都有优点和加分的地方，若能如此看待世界，哪还有孤独存在？

不静下心来，甭想活得明白

01

古希腊是世界哲学发展的源头之一，早在苏格拉底之前，就有个人行为反常，想法怪异，经常做出不合常规的事，说些不着边的话。周围的邻居认为他精神出了问题，也就见怪不怪了。

这个人不在乎他人如何评价自己，依旧按照自己的方式与日月对话，同时间交流。一天，他提着一盏灯笼从破房子里走了出来。邻居们见状，放下手头的工作，三三两两地聚到一起，背后嘲笑他又去捉"妖"了。

大白天打着灯笼穿街走巷，是在进行行为艺术还是疯了？沿途的人无不在心中打个大大的问号。有位行人截住他，问："你边走边猫腰寻找什么呢？"

他停下脚步，说："我在找人。"

行人很纳闷，说："满大街都是人，你找谁呀？即便找人，大白天也不用提着灯笼找呀？"

对于行人抛出的两个问题，他没有正面回答，只说："人都迷失到哪里去了呢？"然后，他绕开行人，继续寻找。

行人蒙了，看着头顶的太阳，愣在那里。

原来，当时的雅典经济繁荣，物质充裕，人们沉迷在享乐之中，丢失了自己的灵魂。这位哲学家呼吁大家，在任何时候都不要迷失自己。故此，哲学家的呼吁演变成"认识你自己"，镌刻在古希腊德尔斐的阿波罗神庙的门楣上，苏格拉底把它作为自己的哲学宣言，将其发扬光大。

"认识你自己"，五个字组成一个哲学命题，既高端又接地气，关乎每一个人。生活中，我们果真认识自己吗？未必。这里，我想到一个心理学定律，叫"布里丹毛驴效应"。

布里丹养了一头小毛驴，温顺可爱，从不耍驴脾气，布里丹很喜欢它，每天定时定量给它喂草料。一天，小毛驴超额完成工作，布里丹心疼小毛驴，怕它累垮身子，想给它增加营养，便在小毛驴身边放了两堆大小相等、质量相同、距离与它等同的草料。小毛驴犯难了，左瞅瞅右瞧瞧，不知道该吃哪一堆草料。结果出现了痛心的一幕：小毛驴饿死在了两堆草料中间。

小毛驴是死在选择性障碍上，如果它随便扭头吃任何一堆草料，都不至于落得魂断草料旁的下场。两堆草料不止摆在小毛驴面前，同样也摆在我们面前，左边那堆叫"社会"，由"我"与外部环境发生反应而组成；右边那堆叫"本心"，由"我"的各种初衷组成。当然，人不会像小毛驴那样在草料面前活活饿死，但一味地参与社会而忽略"本心"，只能浑浑噩噩地活着，整天把"本心"这堆草料当作营养大餐，百吃不厌，等同于在坟墓里美化月亮，个人梦想不会在现实的土壤中生根发芽。参与社会时不忘回归本心，二者相互配合，认清自己，知道自己想要什么并如何做，才不会辜负此生。事实上，很多人虽未被饿死，同样愚蠢得像一头驴，活得不明不白。

活着很简单，一日不过三餐，一生不过三万多天，花开花落又一年，衣衫褴褛同样可以避寒。活出品质确实不易，若想把人生变成传奇，请停止无效努力，让自己静下来，留些时间来独处，在不断反省中认清自己。

02

李莉看上去柔柔弱弱的，但说话办事从不输男性，经过多年打拼，她拥有了一家属于自己的公司，姐妹们对她既羡慕又嫉妒。一天下班后，她无意中听到员工们在议论自己："不得不承认李总工作很努力，她这个人最大的缺点是太自私，没把我们当成公司的一分子，整天防贼般防着我们，生怕我们占公司便宜。"

"是啊，还很抠门，每次发工资时，总想方设法把零头抹掉。"另一位下属接话。

"大家注意过没有，每次她穿新衣服时，总是故意在我们面前走来走去，显摆自己有品位，会打扮。"

"我还注意到，她心理有点'变态'，比如上次快递小哥忙中出错，把别人的包裹送给她，按说是件很平常的事，小哥道个歉，把她的包裹重新拿上来就是了。她可好，揪住小哥不放，愣是把人家训斥了半个小时。"

"未婚独居的大龄女人都这样，你可抓紧点儿，别将来把自己剩成与李总一个德行。"

大家七嘴八舌、议论纷纷，门外的李莉先惊诧再愤怒，抬起腿本想一脚踹开门，狠狠教训这帮员工，当鞋尖马上触到门时，她停下了，强压住内心的怒火，把脚轻轻收回。

匆匆走到楼下，李莉临时取消与姐妹一起吃饭，回到家后，订了份外卖却毫无胃口，满脑子全是员工们所说的话。

"真的像他们说的那样吗？如果不是，他们为什么这样看待我？"想想这些年自己单枪匹马，不知吃了多少苦，受了多少罪，遭遇过多少白眼，她流下了委屈的泪水。

此后，李莉改变了态度和处事方式，在不断反省中完善自己，员工们对她的看法也随之转变，对她的称呼也由"李总"改为"李姐"，其中一位员工还把海归表哥介绍给她认识。

认清自己并不难。有人写日记，把对与错一一列出来；有人则静坐冥想，把一天中做的事在脑海里重新放映一遍。不管采用什么方式，只要有效就行，反省不能流于形式，每日看似在反省，却找不出问题，甚至对错不分，那就很值得注意了。

在反省中认清自己，独处是最佳途径。很多时候我们盲从于群体，压抑自己的真性情而迎合他人，如同戴着面具把自己伪装起来。独处时，不需要伪装，可以放松下来，听从自己的内心，对内心世界进行整理。

来这座城市整整三年的这天，罗琳浪漫了一回，给自己买了一束鲜花。在常人眼中，那是一个普通的日子，可花店的生意异常好。回到住处后，她关掉手机，把自己锁在房间里，看着眼前的鲜花，思绪在心中翻滚。这三年里，有过风有过雨，生命之舟承载了太多酸甜苦辣，却发现距离彼岸还是那么遥远。自己生命中最宝贵的青春难道就像这束花，会随着时间的流逝一点点褪色吗？罗琳对自己说"不"。

第二天，罗琳毅然向老板提出辞职。老板先是一愣，问她准备到什么地方高就。她平静地说："我是在从一个高处走向低处，从明天开始，我要去一家花店工作，换一种生活方式。"

之后的日子，罗琳时刻提醒自己来花店的目的。功夫不负有心人，渐渐地她学会了插花，老板不在时，罗琳可以独立完成各项工作，让每一位购花者都满意离去。

又是一年芳草绿，阳光明媚的三月，罗琳选择了一个比较不错的地段，有了真正属于自己的花店。她把花店设计得别有一番韵味，还给花店取了一个好听的名字，刚开张就有很多人闻"香"止步。

朋友来看她，拿起一枝玫瑰嗅了嗅，很诗意地说："你正走在我梦里，请放慢脚步，轻轻走，我们还年轻，不必赶时间。"

音乐在花间潺潺流淌，罗琳笑着说："我没有赶时间，更没有匆匆地走，而是发现了自己在经营人生中要做的事情。"

03

堂弟给我打电话，说他又辞职了。三年换了五份工作，太不正常。每次辞职，他都能找一大堆理由，不是老板太奇葩就是总无故占用员工的下班时间；不是同事不懂配合就是自己的想法得不到团队的认可；不是张三太心机就是李四嫉妒自己。

总之，堂弟一直自认为是职场受害者。起初，我好言安慰，根据自己的职场经验，教他如何融入团队，如何处理好同事关系，如何在复杂的职场中保全自己，如何赢得老板的赏识和同事的尊重。堂弟像个孩子，表面上满口答应，还信誓旦旦地做出保证，可一扭脸离去，他就把我所说的话忘得一干二净，该怎么着还怎么着。

堂弟不让人省心，却是家族的骄傲。他毕业于国内名牌大学，又去国外镀过金，读研期间在国际权威期刊上发表了论文，引起不少业内人士的关注。研究生毕业后，堂弟拒绝国际大公司的邀请，回到生他养他的这片热土上。当时堂弟春风得意，去了一家国内顶级企业。校园与企业，两种生存方式截然不同，初出校门的学生在心理上需要一个适应的过程，堂弟似乎一直"水土不服"，时间像上了发条般压得他几乎喘不过气，人也消瘦了一圈，精神状态远不如从前。八个月后，他离开该企业，在家休整了一个月才进入第二家公司。这家公司的规模、科技含量都远不如第一家公司。经过第一家公司的磨砺，堂弟有了职场经验，在第二家公司干得还不错，不久职位就有所提升。手里有了芝麻粒大小的权，他嘚瑟起来，认为自己的方案、想法完美无瑕，不容手下质疑且要求他们必须严格执行。同事有怨言，老板找他谈心，他非但不听还振振有词。老板爱惜他是人才，睁一只眼闭一只眼，能过得去则不挑他的毛病。他可好，竟然发展到不把老板放在眼里，最终酿成一场伤和气、丢面子的纷争，堂弟收拾好个人物品，潇洒地转身离去。接着，第三份、第四份工作，也没干多久，他就与公司分道扬镳。

第五份工作是我给他介绍的，我对那个老板知根知底，前期接洽中，老板向我承诺，堂弟只要工作出色，愿意让出一些股份给他。未来形势一片大好，堂弟却说公司小、待遇差，没有发展前途，还是看在我的面子上，才在那里勉强干了半年。

听完堂弟的离职借口，我无语。堂弟不以为意，约我出来喝酒庆贺。我说："你应该把自己关进小黑屋里好好反省，真正认清自己，而不是把责任全推到对方身上。"

挂断电话，我深思。如果不反省自身的缺点和问题，它们就将永远存在，个人成长永远在原地踏步。

迁就他人，不如孤身前行

01

"喂，干吗呢……"

周末无事可做，朱珠拨通了好友悦悦的电话。听筒里声音有些嘈杂，紧接着传来一个男士的声音："亲爱的，谁打来的电话？"

朱珠本来打算约悦悦一起逛街，可话说到一半就停下了。悦悦显得很高兴，说："朱珠，我和男朋友一起在外面玩，你也过来吧，我现在就把位置发给你。"

"算了吧。你们秀恩爱，我在一旁当灯泡，多尴尬呀。"说完，未等悦悦回应，她就挂了电话。

已是第三次约她了，每次她都被男友抢走，朱珠好失落。朱珠与悦悦在同一家公司上班，两人亲如姐妹，形影不离，即便上卫生间，也要结伴而行。悦悦恋爱后，与朱珠相处的时间变少了，朱珠故意装出吃醋的模样，要求悦悦均等地分配时间。悦悦很仗义，起初严格执行，随着与男友感情升温，悦悦与朱珠相处的时间越来越少，每次朱珠抱怨悦悦重色轻友，悦悦总会拿出朱珠平时喜欢吃的零食把她的嘴堵上，两人也就在说说笑笑中度过美妙时光。

悦悦谈恋爱，朱珠没少给她出谋划策，从没想过把她从男友身边抢走，只不过在心里对她或多或少产生了依赖，同时她能理解，悦悦并非故意疏远自己，因为恋爱中的男女一天到晚腻在一起也不嫌多。

没有悦悦陪伴，独自憋在家里实在厌烦，朱珠简单收拾一下出门了。这一天，她逛得索然无味，往日喜欢的高跟鞋区不再对她有杀伤力，新颖别致的小耳饰也失去了往日的魅力，布衣坊里的布衣在她看来如同粗布一块。走着走着，她竟鬼使神差般来到与悦悦曾一起用餐的餐厅。不觉间，肚子咕咕作响，朱珠才想起早晨仅吃了两片面包，喝了一袋牛奶，午餐也只喝了一瓶矿泉水，她便走了进去。

朱珠爱美食，是那种怎么吃都不长肉的体质，对海鲜更是情有独钟。

这是她第三次光顾该餐厅，前两次由悦悦陪着。服务员推荐了牡丹虾，说是空运来的，作为特价菜没上菜单。朱珠要了一份，还点了海胆、生鱼片、生蚝等。

牡丹虾鲜甜弹牙，名不虚传；生鱼片细腻爽滑；海胆黄蘸调料，鲜美无比，入口即化。朱珠大快朵颐，邻桌的美女看得满口生津，同行男生好生调侃，美女先摆手再捂住嘴巴，还不忘拿目光关注朱珠的吃相。

食材尽入腹内，朱珠心情大好，趁商家还未打烊，再次返回高跟鞋区。咱的双脚有玉之润、缎之柔，肉色鲜嫩透明，隐隐映出几根纤细的青筋，十个脚趾淡红健康，像十片小小花瓣，总不能把它一直藏在"深闺"吧，朱珠说服自己，买了一双高跟凉鞋。

周一上班，她把拍好的海鲜照片给悦悦观赏，悦悦一副馋相，怪她吃独食。朱珠一脸得意，调侃道："你在享受精神大餐，我羡慕还来不及呢！"

此后，朱珠渐渐习惯了一个人看电影、一个人看画展、一个人进游乐园。她发现，孤身前往，最大的好处是遵从内心。比如，想吃什么就吃什么，不必在意饭菜是否合对方胃口；想看哪部电影就看哪部电影，不必问询对方是否喜欢；想用何种姿势拍照就用何种姿势拍照，不必把对方提出的意见作为准则。

02

近年来，徒步旅行甚是火爆。我做梦都想带着灵魂去旅行，无奈琐事缠身，无法迈出一走了之的步伐，只得忙里偷闲把这份愿望寄托于网络直播间，由网红带着我与粉丝们一起欣赏沿途风景。

在太多徒步网红直播间潜伏过，我发现他们中间有太多人玩套路，与劣质商品紧密挂钩，上过两三次当后，我对徒步网红产生失望。正当准备放弃关注他们之际，一位网名叫"杨过"的徒步者闯入我的视线。名字很响亮，教人过目不忘，简单翻看他拍的视频，觉得有点意思，顺手加了关注。

　　杨过的粉丝量有三十余万，看他直播的粉丝基本维持在一千五百人左右，还有一定数量的"黑粉"，跟在他屁股后面，走一路骂他一路，杨过毫不在意，任凭他们折腾。他是一位真正的徒步旅行爱好者，一狗一车，行走在青藏线上。车是定制的，分上下两层，上层放置基本生活用品，下层为休息区，可以让他坐直身子，方便与粉丝互动。小伙自称"九零"后，形象邋遢，整天满脸灰尘，头发如乱草般堆在脑袋上，看上去像"九零"后他爹。他偶尔把脸洗干净，露出健康白皙的面庞，还挺英俊，我相信他没谎报年龄，至于"黑粉"的污言秽语，杨过面带笑容，说话爽朗，从不计较。

　　杨过拉着徒步车，基本走遍了大江南北，这是他第二次进藏。第一次走的是川藏线，这次走青藏线。

　　我问他为什么一个人去西藏，如果两个人或多人一起，遇到困难或意外时会相互有个照应。杨过告诉我，第一次走川藏线时，他在四川遇到一位驴友，两人年龄相仿，聊得来，目的地都是西藏。驴友提议两人结伴而行，刚开始两人配合得比较默契，走着走着，就走出一大堆问题。驴友只想证明自己从川藏线进入过西藏，不想把时间耗费在路上；杨过的想法与驴友恰恰相反，他喜欢走走停停，遇到美景，就随时停下脚步，分享给粉丝们。稻城亚丁有三座神山，是游客必去的景点，杨过本想停下来撞运气，希望能拍到日照金顶，驴友不同意，还说不就是太阳照在雪山的顶峰上嘛，没什么好看的。

驴友坚持己见，杨过迁就了对方。第二天，他在朋友圈里看到了难得一见的惊艳美景。谈及这个遗憾，他至今愤愤不已。

　　此次走青藏线，杨过坚决抵制结伴而行，哪怕中途偶遇其他驴友，搭伴走一段路程也不行。他说："我若任性，只在乎自己的感受，势必与对方产生分歧，不仅影响心情，还会错过美景。我行我素，饿了就做饭，困了就睡觉，累了就休息，途中想走多久就走多久，不用顾忌他人的想法与目光。"

　　我问："无人区里，夜晚四周漆黑一片，有时会有狼等肉食动物出现，你不害怕、不孤单吗？"

　　杨过答道，人迟早要独自前行，野外生存是挑战是考验，也是突破自我的机会，如果不去尝试，永远无法证明自己能行。

　　语言简洁明了，但很实用。人生如此，结伴而行，免不了迁就他人，却委屈了内心；孤身前行，无所牵绊，能发现与众不同的风景，因为它们属于私人定制，由自我喜好决定。

4

暖心：我们的处世情怀

　　人无论从事何种职业、做什么事情，都需要与现实保持信息畅通，如果完全屏蔽外界的"杂音"，在一个人的空间里自娱自乐，短时间内能感受到快乐与精彩，当一曲终止，才发现自己站在一个孤独的大舞台上，先前所有努力换来的仅是一座孤岛。

人贵藏辉，无知者将被孤立

01

秦明走了，是主动辞职。离开时，他向大家道别，声音里透着尴尬。部门里的十余位同事，没有一人回应或离开工位象征性地送他一程。他前脚刚离开，就有一个同事抽身猫腰关上门，屋内随即响起掌声。

掌声的确是为了秦明而响，不是欢送，而是庆贺他终于离开。秦明如此不受待见，莫非他伤天害理，挖了谁家祖坟？纯属玩笑。秦明狼狈离去，怪不得别人容不下他，全是他自己一手造成的。正当大家细数秦明的种种"罪行"时，部门经理推门而入，欢声笑语顿时偃旗息鼓，大家或捂嘴或努力收拢两腮的肌肉，不让快意从唇边喷出。

经理向来以严肃示人，今天脸上挂出少有的轻松。什么原因？你知我知，部门里所有员工心知肚明。简单巡视一圈，经理停下脚步，说："秦明的优点与缺点一样突出，如果他不及时自我调整，改正缺点，做下一份工作时可能还会被孤立。"说完，他轻轻叹一口气，带上门离开了。

论业务能力，秦明绝对是部门里的顶梁柱，工作时他冲锋在前，敢于承担，特别是策划方案写得滴水不漏，别人能想到的他认为太老套不够抢眼，别人想不到的他能构思出亮点。为此，老板多次表扬他，还把他的策划方案当作范本发给公司的各个部门。按说他的前程本该一片光明，却突然直转而下，全毁在不懂"藏辉"，过于张扬与狂妄上。

有些人一做出些成绩，就总爱到处炫耀，这是人性的弱点。心理学上，把炫耀视为一种人本能存在的心理反应，同时也提醒我们，越爱炫耀越能说明他内心的自卑在作祟，试图从外界得到心理满足，从而得到自我成就感，秦明就属于这种类型的人。

克服炫耀心理，首先要摆脱"优越感"，也就是说不把优越感扩大化，做到内敛不张扬；其次无论自身条件好坏，都应该真实面对自己，优点继续发扬，缺点不断改进；最后保持心态平和，不骄不躁。秦明把这三点都丢了，或者说他根本就没有考虑到。部门里，他常以"小诸葛"自诩。小诸葛就小诸葛，能力摆在那里，大家有目共睹，没人说你不配，但你得懂处事之道，与同事保持好良好关系，同事们才会心服口服，真心欣赏你。秦明可好，且不说不把主管放在眼里，所有同事在他看来都是"小虾米"，今天怼这位，明天教训那位。不是说张三拖团队后腿，就是说李四磨洋工没效率。总之，他把部门同事得罪了个遍。大家憋了一肚子闷气，碍于老板多次表扬甚至偶尔来部门对他亲自慰问，一个个不敢奋起反抗。

公司要想在市场竞争中发展壮大，团队建设尤为重要。什么是团队？简言之，就是把员工紧密团结起来，凝聚成一个铁拳头，向目标发出重击。团队内每一个环节都缺一不可，每一个成员都至关重要，稍有松动就将直接影响战斗力。秦明放纵任性，把团队搅得乌烟瘴气，丝毫看不到生机与活力，大家每天在压抑中工作，生怕他无中生有，找自己的茬儿、挑自己的刺儿。经理坐不住了，找他谈话，提醒他注意自己的言行，大家是一个团队，要多为同事着想，秦明却满不在乎，反驳得头头是道，搞得经理干着急没办法。

直到一件事发生后，秦明彻底落入万丈深渊。一天，小美刚做完效果图，请主管提修改意见。主管正在与小美交流如何修改某个细节时，冷不防背后有人冒出一句："不行，这样修改太土了。"说话的是秦明，他不由分说抢过鼠标，把图浏览一遍，直接判了死刑，说道："小美呀小美，你是学美术设计的，怎么连基本常识都不懂呀？我严重怀疑你的美术是学校看门保安大爷教的，或者你上美术课时在学化学。这样的图拿出去，把我们部门的脸全丢光了。"

小美温柔可爱，是部门里的"小猫咪"，哪能经受得住这种无情的打击，当场哭了。主管怒视秦明一眼，秦明一副极不情愿的模样回到工位上。主管把小美叫出去，安慰一番后，把部门同事叫到会议室开会，唯独没有叫秦明。

此后，部门里的大事小事，全不让秦明参与，他被孤立了。秦明意识到事态严重，主动向主管示好，主管板着脸告诉他："你太优秀，我们加在一起也不如你，以后你直接听从经理安排吧。"他找到经理，经理说，具体事务由主管负责，他不便插手。秦明不服，又找到老板，老板先是一番赞美，然后把他推回到部门。

很明显，他被晾在一边成了孤家寡人，每天孤独地坐在电脑前无所事事，找同事说话，没有一个人愿搭理他，中午就餐时同事们坐在一起有说有笑，当他走来时大家立马不再出声，如同在饭菜中发现苍蝇，露出讨厌、恶心的表情。

孤独分主动与被动两种类型，主动孤独是个体的自我感知行为，与外界无关，属于心理作用；被动孤独由外界因素造成，直接作用于心理，使人产生孤独感。秦明的孤独属于后者，这也是他主动辞职的原因。

02

大文豪托尔斯泰游览欧洲的过程中，有一次火车在一个不知名的小站停下，他走下火车。那时已是初冬，寒气袭身，一盏盏灯火沿站台向前方延伸而去。站台上冷冷清清，几位下车的乘客嘴里呼出一团团雾气，急匆匆地从托尔斯泰身边走过，向地下通道奔去。

托尔斯泰搓了几下掌心和手背，准备继续活动手脚，没承想有人从后面拍了一下他的肩膀，接着传来一句："帮我把行李搬上火车。"转过身，托尔斯泰看到面前站着一个老太太，她的背上背着一个大包袱，身边立着三只老式行李箱，里面鼓鼓囊囊的，几乎要把拉链撑开。

没等托尔斯泰说话，老太太又说："搬运工，天这么冷，你在这里等活儿也不容易，你把它们搬上去，我多给你一些小费。"

托尔斯泰面带微笑，没说什么，帮老太太把行李——搬上车，又安置妥当后，老太太从兜内摸出几枚钱币，递到托尔斯泰手中，说："这是劳务费，快拿去买杯热饮暖暖身子吧！"

巧的是，整个过程被火车上的一位乘客看到了。火车刚开动，那位乘客就猛然醒悟过来，大声对老太太说："你刚才做了件非常愚蠢的事情。"

老太太不解，问道："你在说什么？"

"我是说，你做了件愚蠢的事情，刚才替你搬运行李的是我们的大文豪列夫·托尔斯泰先生。"

老太太听完，后悔不已，说："怪不得看着有点眼熟……真是丢死人了。"说着她站起身，打算去寻找托尔斯泰，向他表达歉意。没想到，托尔斯泰坐在老太太斜对面，依旧面带微笑地说："你没有错，我已经得到了相应的报酬。"

老太太说："可你不是搬运工，是我们的大文豪，刚才实在让你受委屈了，我向你郑重道歉，请你别计较我的鲁莽行为，更别把我写进小说里，要是让我的孙子看到了，是件非常难为情的事情。"

老太太的道歉惹得车厢内笑声一片，夸她会说话懂幽默。

笑声过后，托尔斯泰平静地说："现在我是你们眼中的大文豪，但我还是我，和你们先前不知道我的真实身份时一样。其实，我一直在从事搬运工作。"

顿时，车厢内一片愕然，只有火车行驶的律动声在窗外作响。大家直愣愣地盯着托尔斯泰，一位小伙率先打破寂静，大声说："你不是搬运工，你是我们的大文豪。""对，就是我们的大文豪。""我们永远的《安娜·卡列尼娜》。""我们《战争与和平》的使者……"车厢内，赞扬声此起彼伏。

托尔斯泰费了很大劲儿，才安抚住旅客的情绪，他说："我说我是搬运工，是因为我把人类精神领域里最美好的东西搬运到了大家面前，让大家的精神生活更加丰富。难道这不是搬运工的工作吗？"

这下，大伙才醒过神来。话音刚落，掌声雷动。这是一次愉快的旅行！

托尔斯泰不因自己是文豪而四处张扬，反而把自己"藏"在普通人中，这是优秀品质的表现。假设老太太让他搬运行李，他拒绝配合，摆出盛气凌人的姿态，乘客会敬而远之，不愿与他互动，他可能会陷入被孤立的状态。

"藏"是处事之道，懂"藏"者必有大作为，古今中外莫不如此。局面对自己不利时，小心做人，是"藏"；春风得意时，不张扬、不显摆、不出风头，是"藏"；失意时，深居简出，审视自己，是"藏"；聪明的人，在他人面前要表现得愚蠢点儿，是"藏"；性格直爽的人，在他人面前要表现得优柔点儿，是"藏"；有钱的人，在他人面前要表现得俭朴点儿，是"藏"；有权的人，在他人面前要表现得谦卑点儿，也是"藏"。

智慧的人与平庸的人的区别在于，平庸的人心里装不下天地，只要有一点成绩或作为，就恨不得天下的人都认识自己；智慧的人能包罗万象，即便做出惊天伟业，也不夸耀自己。人贵藏辉。"藏"不是与他人划清界限，而是别太轻狂，别太张扬，这样你才不会被孤立，否则孤独就会不请自来。

上苍的意外安排

01

陶瓷白，是我认识的一个女孩，1993 年生人，随父姓，她母亲姓白。名字有个性，也决定了她不走寻常路。大学刚毕业那会儿，怀着对未来的憧憬，她随大流应聘去了一家不足 50 人的小公司。现实与理想反差太大，初入职场，陶瓷白就流露出种种不满。

每天下班回家，她腰酸背痛，一脸苦瓜相，吃饭懒得张口，洗脸懒得伸手，稍稍触及公司里的那些破事儿，陶瓷白就像翻身农奴痛斥地主残酷剥削一样，对父母抱怨经理很"作"，经常在快要下班时开会，本来十分钟可以讲清楚说明白的事，非要拖拖拉拉、扯东道西，说个没完没了；部门主管就像地主管家，从背后阴森森地盯着员工的一举一动；同事本是一起被剥削的兄弟姐妹，可每次向他们寻求帮助时，他们不是爱搭不理，就是忙得没空搭理她。

陶瓷白之所以有这些对职场的负面看法，是因为她讨厌朝九晚五、日复一日地工作，同事关系不冷不热，集体活动能不参加就不参加，必须参加也是心不在焉。工作消极不代表不热爱生活，不代表不求上进。互联网快速发展，快得许多人还没来得及系好鞋带，就被其他人甩出数条街。陶瓷白身材修长，儿时打下了扎实的舞蹈功底，接受新鲜事物的能力强，她在某个直播平台上玩着玩着，就不小心玩出了百万粉丝，成为名副其实的网红。

视频里，陶瓷白小姐简直就是一个完美的"女神"，粉丝很狂热，尽捡好话说，偶尔有人刚吐出一句扎眼的话语，后台管理一个临空抽射，就把对方"踢"出了直播间。网络世界里，不用应付复杂的人际关系，不用假装正襟危坐地听领导讲废话，更不用打肿脸充胖子去挑战永远完不成的业绩，她很得意，很享受被粉丝追捧的感觉。

三百六十行，行行出状元。不值得为一份不喜欢的工作浪费光阴又搭上精力，活着要先对得起自己，自己活出滋味，才有机会报答父母的养育之恩。她顶住父母的压力，在辞职信上写道："老板，我不陪你玩了，特没劲，还折寿。"离开职场，陶瓷白浑身冒着仙气，飘入网络世界，一门心思做直播和短视频。

"我的地盘我做主"，陶瓷白活在网络世界里，嘴边总挂着"不喜欢就一边待着去，爱咋地咋地"。她与粉丝们分享快乐，而直播带货带来的收益也让她比普通的小白领们提前实现了经济自由。

网络直播夜晚时人气最高，白天大家各忙各的，没工夫陪主播闲唠嗑，陶瓷白成了夜猫子，通常凌晨才睡觉。轻松、惬意又赚钱，不知不觉三年过去了。陶醉在虚拟世界里，她忘记了真实的自己，待转头回到现实中，才发现曾经的朋友与她渐行渐远。她每天中午起床，吃过饭后无所事事，想外出逛街却没人陪，打电话给朋友，发现她们真的很忙，即便能挤出时间一起聚会，她与朋友之间也缺乏共同话题，聊不到一块儿，场面相当尴尬。

随着与外界越来越疏远，陶瓷白有种失落感，她不是没考虑过回归现实世界，却又不愿随遇而安。在现实与虚拟世界中反复纠结，她最终还是选择了虚拟的网络世界，白天与孤独为伴，焦虑与不安也随之而来，她整个人看上去蔫蔫的。而每至夜幕降临，她就像吸足养分的玫瑰，绽放出火焰般的活力与魅力。

陶瓷白带给我们两种截然不同的感觉，网络世界里，她快乐、自由、充实，甚至"唯我独尊"，不需要讨好和依靠任何人。生活千姿百态，既对立又统一，有开心就必然有不愉快同时存在，尽管令人疲惫、反感，但那才是真实的游戏规则，而网络把一切"不愉快"过滤掉，她获得了"非真实满足感"，却忽略了网络制造的距离感。现实生活中，她是一位独行者，与社会脱节，失去接收外界信息的能力，独自游离在群体以外。

除非刻意追求独处，主动把自己与外界隔离开来，人无论从事何种职业、做什么事情，都需要与现实保持信息畅通，如果完全屏蔽外界的"杂音"，在一个人的空间里自娱自乐，短时间内能感受到快乐与精彩，当一曲终止，才发现自己站在一个孤独的大舞台上，先前所有努力换来的仅是一座孤岛。至于未来，陶瓷白没考虑太多，她只想活在当下，不辜负每一位喜欢她的粉丝。

02

郝佳所在的食品公司开发出新产品，需要进行推广宣传。今年公司一改往年做法，不再请专业模特拍广告，而是从公司内部挖掘合适人选。郝佳从事财务工作，从未接触过模特这一行当，而宣传人员认为她的外形、动作、表情很符合要求，就把她临时抽调过来。一个月后，她的照片出现在广告片和海报上，宣传获得很大成功，公司的新产品销售量大幅提升。作为有功人员，郝佳获得一笔额外奖励。

返回原来部门后，郝佳感到一种异样的气氛扑面而至，一向亲亲热热，每天一起就餐，还经常一起看电影的同事们不再和她搭话了，有时还用异样的眼光看她或趁她不在时窃窃私语。郝佳很苦闷，又无处诉说，没过多久，她悄然辞职了。这件事在郝佳心里留下创伤，她哀叹自己用名气换来的竟然是孤独。

《孤独的人群》一书中，美国社会学家大卫·理斯曼在谈到一些暴力主题的影片中主人公的成功与孤独的关系时说："成功使他和伙伴分开，不仅和犯罪集团分开，也和朋友分开，所以说，在登上成功之巅时，他不是喜悦的，而是悲戚的、战战兢兢的。因为命运决定了他未来将会被从山顶上推下来。"

成功确实令人欣喜。许多成功者几乎都生活在心有余悸中，这一事实本身就是对成功的讽刺。正如理斯曼所言，他们（暴力者）成功时，内心却在充满恐惧中等待败落的到来。仅就宣传效果而言，郝佳获得了成功，同事心生嫉妒，属于正常现象，郝佳没有处理好自己面对成功的心态，没有主动对嫉妒者进行心理安慰，重新回到小群体中，反而为名气所累，产生孤独感，继而从山顶上跌落下来。

03

庄伟为人谦和，工作中无大建树也无大失误，从公司成立之初他便跟着老板一起奋斗。这期间，员工来来去去，走了一波又一波，他却稳如泰山，在同一岗位上踏踏实实，一干就是数年。身为元老级人物，庄伟从不摆资格，无论新同事还是老同事，他都能和睦相处，建立融洽的人际关系。

半年前，部门经理回老家发展，公司招了一位新经理，后来老板嫌他娘娘腔，找借口把他赶走了。接着又招了几位，老板均不满意。团队缺少带头人，庄伟及同事们都在期待下一位经理会是谁。一天午餐时间刚过，同事们正围在庄伟的工位前交谈甚欢，老板走了进来，宣布人事决定，任命庄伟为部门经理。

同事们先是一愣，接着拍红巴掌表示祝贺。好运来得太突然，庄伟丝毫没有心理准备，他有点蒙，不敢相信天上竟真的掉下了馅儿饼。老板平时不苟言笑，此时也不像是在开玩笑，心脏一阵"突突"狂欢后，他信了，找到老板说自己能力欠缺，不适合担任重要职位。老板态度坚决，说："你就是最合适的人选，有能力挑起部门的重担。"

这不是赶鸭子上架吗？他揣着一肚的"想不通"走马上任了。不在其位，不谋其政；一朝封神，就不能辜负领导的信任。庄伟秉持这一理念，开始扮演经理的角色。前几位经理，无不新官上任三把火，把部门原有的规章制度、工作方式、处事习惯烧得面目全非，同事们怨声载道。庄伟首先把部门秩序恢复到原来状态，再结合同人的特长做出细微调整。部门很快开始良性发展，业绩也稳步上升，喜得老板拍着他的肩膀说："我说你行，你就行。我不会看错人，你已经用行动向我做出了证明。"

庄伟嘿嘿一笑，不说什么，心想，当部门经理没想象中的那么难。转眼三个月有余，办公室宽敞明亮，他在闲暇时总觉得缺少点什么，锁眉细想，是太安静了，少了以往同事间的低语交流声。当部门领导，就要有领导的样子，不能因为一个人独处太安静而去找他们说话。庄伟正自我安慰间，传来敲门声，随着一声"请进"，主管拿着资料应声而入。汇报完毕，主管扭身离开，庄伟脱口而出"等一下"。主管问："经理，还有事吗？"

庄伟停顿了一下，本想和他扯几句工作以外的事情，可一想到自己的身份，就说："没事儿，你去吧。"

日子一天天过去，经理办公室安静得像一座矗立在水中央的孤岛，从没有过的不安、孤独感不知从哪天起让他有了体验。有时，实在憋不下去，他不由自主地来到先前工作的办公室，同事还是原来的同事，庄伟的出现使气氛似乎一下子紧张起来，说话声消失了，偷懒者马上埋头苦干。他叫某个人的名字讲工作上的事情，对方回答得小心翼翼，生怕出现纰漏或差错。有时，他们在走廊上偶尔遇见庄伟，恭恭敬敬地打声招呼后就马上闪身退去，根本不给庄伟"磨叽"一会儿的时间。

"名义上是上下级关系，可我从来没故意与他们保持距离，也从没想过以领导自居，他们为何这样对我不冷不热？"庄伟很纳闷，他越想与昔日同一战壕里的弟兄们亲近，弟兄们越不给他机会，他越孤独。

地主恶霸？不是。万恶的资本家？不够份儿。对他们太严苛？站不住脚。问题出在哪里？庄伟百思不得其解，只得孤孤单单地守在办公室内。

再这样孤独下去，庄伟宁可不当这个经理。一天下班后，庄伟把主管留下，想问明其中原因。主管吞吞吐吐，不愿正面回答。他把主管拉进饭馆，三杯酒下肚，主管亮出底牌。原来是级别在他与弟兄们之间设置了一道障碍，庄伟明白过来，开始主动出击，进行拆解。

此后，每逢周末他都会组织聚会。刚开始，同事们有所顾忌，不敢畅所欲言。随着聚会次数的增多，他们发现庄经理还是以前的庄伟，也就以对待庄伟的方式与庄经理侃侃而谈。庄伟成功化解了人际关系危机，消除了被孤立而带来的孤独感。不过，他对弟兄们发出口头警告，上班时间请尊重他身为经理的威严，在闲暇时可以与他嬉皮笑脸。

所有争论都要在岸上解决

01

一天夜里，海盗船长罗伯茨在巡查时，发现甲板上有一条断臂，是一名舵手的。罗伯茨既愤怒又痛心。天亮后，他把海盗们召集到甲板上，围绕舵手遇害事件展开调查。罗伯茨早就听说，这名遇害的舵手与船上的某个人存在矛盾，两人此前曾多次发生争吵，都扬言要报复对方。

当时罗伯茨并没有把这件事放在心上，也没做过多干涉，没想到酿成如此惨祸。如果这件事不了了之，悲剧还会再次发生。罗伯茨动情地说："各位兄弟，昨天夜里，我们的舵手遇害了。"他晃了晃手中的断臂，又说："杀害舵手的凶手就站在你们中间，我不想浪费时间，大丈夫敢做敢当，如果你有骨气的话，就站出来承认自己的罪行。"说完，他把断臂扔在甲板上，转身走进房间。

罗伯茨离开后，海盗们在甲板上小声议论，就在这时，船长助手从房间内走出来，严肃地说："大家都静一静，船长让我负责调查。"海盗们面面相觑。见此情景，船长助手提高嗓音说："既然你敢做，就应该站出来，别当孬种。"

船上鸦雀无声，海盗们你看着我，我看着你，没有一个说话的。船长助手又说："既然凶手不承认罪行，我只好挨个盘问。"当时，他的问题很简单，只问："你昨天晚上都干了什么？"

海盗们纷纷告诉船长助手，昨天晚上自己都干了什么。船长助手听得很仔细，眼睛一动不动地盯着对方的脸。当问到大副时，船长助手故意把目光投向天空，似乎对大副的回答不感兴趣。等大副讲完，船长助手笑了笑，说："我已经知道哪个人是凶手了。"说完，他用手指着一个小海盗，严厉地说："就是你把他扔到海里去的。"那个小海盗满脸惊恐，还没来得及申辩，就被扔进了大海。可怜的小海盗，在大海里挣扎了许久，葬身于海浪中。船长助手看着小海盗被海浪吞噬，转过身来，继续说："刚才你们说了谎。"

随后，船长助手踱到大副面前，目光冰冷地看着他，看得大副脊背发凉，大副努力保持镇定，说："先生，我是大副，你知道我在船上的作用，我虽然与他有过节，但是不至于杀害他，请你不要这样盯着我，去找出真正的凶手吧。"船长助手说："很抱歉，刚才我在看一只飞过我们头顶的军舰鸟，你的话我没听清楚，能重新说一遍吗？"大副脸色有些发青，喉结不自觉地蠕动了几下，他又把刚才的话重复了一遍。

船长助手听完，露出一副恍然大悟的表情，说："这次我总算知道谁是凶手了。"他猛地伸手扯住大副身边一位海盗的衣领，说："就是你，是你们合伙把舵手杀死了。"那位海盗急忙解释说："我没有杀舵手，有许多人可以证明我当时在干什么。"

船长助手脸色陡变，对所有海盗说："你们谁能证明他不是凶手？"这声音具有强制性和压迫性，向海盗传达了一个信息：谁能证明，谁就是凶手。大家明白船长助手的意思，没有一个人敢出来作证。船长助手见此情形，说："既然没有人能够证明你不是杀害舵手的凶手，那么你就是凶手。"说完，把这个海盗也扔到了海里。

大副脸色惨白，终于明白船长助手为什么接连把两个无辜的海盗丢进大海里了，因为他们俩是自己的亲信，他这样做的目的就是把自己逼出来，如果自己还不承认，剩下的亲信恐怕还会遭到同样的厄运。大副说："我是凶手，是我杀死了舵手。"

按照规矩，处死大副，这件事才有个了结。"船上不得互斗，所有争论都要在岸上解决"的规矩也就由此立下。后来，罗伯茨船长对海盗们解释道："我用这种刑罚来惩治大副，首先，杀人偿命乃天经地义，谁做了这样的事情，谁就要为此付出代价；其次，个人与个人之间无论有多大仇恨，都不应该在船上解决，船是工作场所，如果大家都这样做，船就成了发泄仇恨的乱坟岗，将直接影响我们的战斗力，我们距离灭亡也就不远了。"

罗伯茨是海盗史上一位优秀的船长，这条规矩以"和为贵"为准则，细细思量，同样适用于我们。当意见发生分歧，看法不统一时，人们因争强好胜的心理极易冲动，与对方发生争论，结果彼此产生间隙，被对方孤立，甚至会付出更惨重的代价。而规矩中的"岸上"，可视为矛盾双方在心平气和后，再冷静地处理矛盾、纠纷或分歧。"所有争论都要在岸上解决"是复杂的人际关系中，高情商人士的处世理念、聪明者的宝贵经验，是不被孤立的首选方法。

当然，化解矛盾、争论或不愉快时，要以"宽大"为怀。"宽"并非忍气吞声、放任自流，也不是装聋作哑、懦弱退缩。"宽"应当用学识培养、以世事锻炼，使之自然成长为一种无所不容的精神境界。

02

程茜长得漂亮又是热心肠，刚到公司，就受到同事们的欢迎。两个月后，程茜发现，同事们对她的态度变得很冷漠，不愿和她说话。更为糟糕的是，整整一个月，她居然没签下一单业务。

还在试用期内就出现这样的尴尬局面，程茜很苦恼，找到表姐讲述困扰。交流过程中，表姐发现，只要有些话程茜不认同，她就喜欢找理由进行争辩。表姐做人力资源工作，对职场里的纷纷扰扰早已看得一清二楚，程茜的这种不良习惯，是导致她被同事孤立的根源。

"程茜，你能停止说话吗？"表姐打断她的话，说："你来找我，是想改变与同事之间的关系，不是为了和我进行争论吧。你看，我刚才说了一句你不爱听的话，你就喋喋不休地说了一大堆。"

程茜想反驳，张了张口，把想说的话咽了下去。

　　表姐说："多年职场经验告诉我，热情、敬业、认真、有担当是一个人立足职场的基本技能，但有一个缺点能毁掉所有这些优点。对于公司而言，宁可接收中规中矩者，也不要缺点与优点同样突出者。举个例子，一个部门或团队就像一群羊，牧羊人若想把羊群赶到指定位置，必须要求羊群服从管理、听从指挥，若羊群内部出现调皮捣蛋、不听话、破坏团结者，牧羊人必须把'异类'分子从羊群中剔除。通过你刚才与我交流的表现，我没猜错的话，你与同事也经常发生争论吧？"

　　程茜点了点头，说："他们……"

　　表姐示意她不要说，"在与同事的交流中，最忌讳争论，当意见相左时，不是不让你发表观点，而是应该通过友好协商的方式来解决。如果你的见解更好，对团队发展更有利，相信会被采纳的；如果考虑不周还固执己见，就会与同事、团队产生隔阂。长此以往，不是被同事、团队孤立，就是自己把自己孤立了。这样的员工，属于羊群中的异类，牧羊人不会睁一只眼闭一只眼，任由它放纵下去。"

　　表姐发现程茜表情严肃，认识到了问题的严重性，继续说："每个人都有缺点，你大可不必紧张，与同事相处时，要学会认同他人，克制反驳的欲望，同事才会认同你。反之……"说到这里，表姐故意加重语气，"不用我说，你就能猜出来。"

　　回到公司后，程茜每每想反驳时，一想到表姐的话，她就停了下来。同事们发现她改正了缺点，渐渐地也就接纳了她，程茜又重新回到团队中，半年后成为公司的销售冠军，领导对她颇为赏识。

那些喜欢与人争论的人，是否以为可以用争论压倒对方，给自己带来利益呢？其实，好与人争论，只会弊多利少，有害于己。第一，好与人争，会损害别人的自尊心，易使人对你产生反感乃至厌恶的情绪；第二，好与人争，很容易使自己养成专挑别人错漏的恶习；第三，好与人争，逞强好胜，易使自己产生傲慢心理，自以为是。所有负面信息，都指向同一个结果——你将成为孤家寡人。

常言道："阎王好惹，小鬼难缠。"的确如此。往往越有身份、越有地位的人越好相处。而那些自以为很了不起的人，不是喜欢吹牛就是态度傲慢；不是经常出尔反尔就是故意刁难别人；不是习惯见风使舵就是恃强凌弱……他们总是利用一切可以利用的方式来展现自己的重要性，让自己表现出高人一等的样子。面对这样的人，要想避免不必要的争论，首先要建立高水准的自尊，把自己的人生定位在高格调上。这样才能对自己充满信心，才可以去追求一些有价值、有意义的事情，才不会在一些事情上去斤斤计较，才会心胸宽广，谦让待人。

维护人际关系时，若想避免争论，一定要保持温和的语气。心理学研究表明，当双方进行交流时，答话者的语调通常会随着问话者语调的高低而起伏。也就是说，问话者的声音高，答话者的声音就高；问话者的声音低，答话者的声音也就会相对低下来。而声音的高低，也是一个人情绪的体现，当我们用温和的声音与对方交谈时，就能掌控对方的情绪，从而避免不必要的争论。

勉强相处等于相互伤害

01

郝玫失恋了，情绪低落，闺密去看她。未及三句话，郝玫的泪水就哗哗流个不停。当时，安慰起不了作用，闺密只好任她把苦水一一倒出来。

最后，郝玫哭累了，靠在闺密腿上，嘴里喃喃自语："我那么爱他，他说分手就分手，对我太不公平了。"郝玫表情痛苦，着实让人难受。

郝玫和Ａ先生是在一位朋友的生日聚会上认识的，当时郝玫第一眼看到Ａ先生后，就怦然心动，主动和Ａ先生搭讪。Ａ先生大方得体，对郝玫也表现出似曾相识的感觉。那晚，他们成了生日聚会上的主角，分别前交换了联系方式。

没过多久，郝玫和Ａ先生恋爱了，虽不轰轰烈烈，但也浪漫纷呈。郝玫和Ａ先生每周会固定吃两次饭，周末有时相约郊游，或在星期天的上午逛花市，下午遛狗，散步时两人十指相扣。在朋友看来，那是一份

146

近乎完美的爱情。

A 先生成熟稳重，处事果敢，责任心强，是女孩眼中的魅力男士。他们俩相处的日子，郝玫一直沉浸在爱情的眩晕中，几乎成了 A 先生身边美丽的花瓶，失去了主见和自我。A 先生说什么郝玫就应什么，有时她本来对某件事情不感兴趣，但口头上还是愉快答应，这让 A 先生很不理解。可以理解郝玫当时的心情，她之所以这样做，是因为太在意 A 先生了。而 A 先生不这样认为，他常对郝玫说，要有自己的想法与主见，不要总被别人牵着走。郝玫唯唯诺诺地应答，可每当要她拿主意时，郝玫对 A 先生不是点头称是，就是说"好呀，全听你的"。

终于，因为给朋友送结婚礼物的事情，A 先生爆发了。那天，他们一起挑选礼物，逛了一个上午，A 先生没表态，询问郝玫的意见，郝玫说："只要你喜欢，我就喜欢。"

A 先生移开郝玫的胳膊，平静地说："我想知道你的看法，而你没有自己的主见，却给了我一个沉重的负担，如果天天背着这样的包袱，我不想再与你勉强相处，情愿卸下它一个人走。"说完，A 先生很友好地与她道别，头也不回地走了。

A 先生没错。郝玫因为太喜欢 A 先生，不小心委屈了自己。在郝玫眼里，A 先生简直是一个完美情人。所谓完美情人，不过是对完美爱情的投射，人们爱上的不是完美情人，而是完美情人背后所代表的完美爱情。因此，即便完美情人也爱着自己，也要在真实生活中去经历柴米油盐的考验。

郝玫一直认为 A 先生太绝情，辜负了自己对他的一片真心。郝玫仅认识到表面现象，A 先生话语里的"勉强相处"才是他们分手的真正原因。能够牵手走一辈子的恋人，一定是一直在彼此身边，像空气般自然存在，相处起来没有压力，不用刻意讨好对方，而是想到对方就感到心安。恋爱中，因为太在乎对方，郝玫失去了自我，A 先生在两个人的舞台上一直唱独角戏，他想从郝玫那里得到心理补偿，想与郝玫联袂起舞，郝玫却一次次让 A 先生失望，他产生了孤独感与疲惫感，所以放下这段恋情，一个人离去。

从如胶似漆、密不可分到成为最熟悉的陌生人，恋爱中的许多情侣因勉强相处而耽误了寻找真爱，他们互不信任，无话可说，没有开心与快乐，却还在一次次安慰自己的同时与对方死磕。这不是爱情，是冤家路窄，是横在道前不妥协、不侧身的江湖做派。爱情似江湖，却与江湖有本质区别，江湖恩怨靠刀光剑影解决，但爱情拒绝侠义，心灵默契才有诗情画意。

在回去的路上，闺密为郝玫失恋而惋惜，但也为 A 先生对双方负责而心存慰藉。当爱情发展到勉强相处的程度，放手是合适的选择；当恋爱变成两个人的孤独，分开是理智的做法。

02

恋爱看似是两个人的事情，说到底也是人际关系的一部分。处理得妥当，相亲相爱，属于理想境界，从此花好月圆，双方庆幸在对的时间遇见对的人；处理得有所欠缺，相爱相杀，针锋相对，你寸步不让，我不肯妥协，双方不抛弃不放弃，誓用语言对抗到底；处理得不伦不类，勉强相处，属于美丽的误会，仅靠回忆给当初的好感取暖，双方无法品味到爱情的甜蜜，都因错误的邂逅而负重前行。

人际关系是指人与人之间通过交往与相互作用而形成的直接的心理关系，主要表现为人们在心理上的距离远近、个人对他人的心理倾向及相应行为等。恋爱也好，社会交往也罢，它渗透到生活的方方面面，我们都是被网在其中的鱼，享受着被囚禁的快乐与忧伤。其中，有些人害怕独处，不敢面对孤独，只要有谈话对象，不在乎勉强相处。至于内容，无所谓；深度，不需要；主题，扯东道西；好感，没必要。一个晚上或半天时间就这样度过，然后带着避免过度使用的声带回到自己的窝里，再懊悔白白浪费时间，问自己"为什么不一开始就回家"，真相是舍不得离开。而有些人，喜欢独处，享受孤独，一个人独来独往，常人无法理解。

他们难道真没有朋友吗？他们会有什么样的朋友？他们的声带生锈了吗？难道他们的人际关系被孤独腐蚀了吗？是被迫的还是其他原因造成的？别杞人忧天，其实他们是友谊大师，只是从不勉强自己与不相干的人相处而已。他们会巧妙编织自己的人际关系网，在交友方面具有超强的选择性。

人际关系是社会学家、心理学家一直关注的问题，他们普遍认为每个人平均会有两到五个真正的朋友。对于朋友圈的大小，有一个世界性的标准：从至交再向外扩大一点，大概在十二到二十人之间，普通朋友圈在三十至五十人之间。为什么会出现这种情况，至今没有标准答案。由于它具有广泛的适用性，反映出我们处理社会关系的认知能力，而真正交心的朋友，从不戴面具，他们在你面前本色出演，一就是一，从不对你们之间的交往进行花样解读。

我也有自己的核心朋友圈，包括从小一起长大的玩伴、一起念书的同学和无私帮助我的朋友。他们或远在天涯，或数年不见，当我心态失衡时，他们会贴心安慰；当我的生活迷失方向时，他们会鼓励我、支持我；当我出现失误时，他们会鞭策我，甚至厉声痛批，丝毫不保留情面。我珍惜这份友谊，他们与我一样清楚：人际交往中，巧妙周旋如同家常便饭，能维持生命运转、真正改善体质者，乃饮食中的精品。核心层以外所交往的人，我仅止于口头朋友，有心情时听他们侃侃而谈，不在状态时就借故离开，不勉强与他们相处。

朋友多，不代表就有真朋友；很合群，不意味着就开心快乐。初出校门时，我曾羡慕那些社交达人，觉得他们很能干，可以有那么多朋友。渐渐地，我看到这种喧闹里夹杂着虚假，掺杂着人际关系的泡沫，也看到这些达人们的苦闷和疲惫。

项尚以前做销售，积累了大把人脉，为了维持关系，他不得不周旋于他们中间。后来他离开公司，做了一份与销售风马牛不相及的工作。昔日生意场上的朋友隔三岔五邀他相聚，项尚本喜欢独处，不堪其扰，一狠心把他们该删掉的删掉，该拉黑的拉黑，陌生电话一概不接。

耳边再无纷扰，项尚的生活恢复了平静，哥们儿调侃道："我还想借你的东风积累人脉呢，现在彻底无望了。"

项尚回答："以前我是迫不得已，他们中的大部分人就像外表光鲜的甘蔗，食之毫无甜味可言，还要提防被它割伤。与其干耗着，与他们勉强相处，不如把时间留给自己。"

可能我们身边还会传来这样的声音，"和别人接触，才会成熟，才不会与社会脱节""不与他人进行意见交流，就没有社交生活""别总是把自己关在家里，多去外面走走""融入群体社会才会愉快""独处会把人憋出病来，不是什么好事"。

凡此种种老套的说教，无聊、无趣又无法辩驳。这些言论，实际上是在攻击不愿勉强相处者对于人类使命、传统习俗、群体分工的反叛。他们的苦口婆心仅停留在问题的表层，忽视了勉强相处带来的负面效应。

物以类聚，人以群分，远离不适合自己的圈子，远离那些注定跟你走不到一起、做不了朋友的人。如此，就会减少不必要的应酬、迎合和委曲求全，人际圈子清爽了，内心轻松了，快乐也就增多了。所以，勉强相处，只会互相伤害。停止勉强相处，不会有什么损失与坏处，活得高级的人，往往喜欢独处。

持开放心态融入周围环境

01

印度半岛的一座山上矗立着一个寺庙，由教徒们倾其所有修建而成，仅墙壁就全部采用镀金工艺，在阳光的照射下金碧辉煌，寺庙内部则装饰有数以万计的水晶镜子。

一天，一条狗无意间来到这里，它被眼前富丽堂皇的场面震撼了。它先是惊叹，接着心跳加速，然后欣喜若狂。整天风餐露宿，居无定所，它过够了流浪生活，当即做出决定，要占有这座寺庙，从此不再疲于奔波。拿定主意，这条狗趾高气扬，尾巴如旗子般高高竖起，迈着得意扬扬的步伐，一步三摇地向寺内走去。

当它进入庙门时看到，一条大理石铺就的道路直通正殿，它停下脚步思忖道："寺庙乃佛教圣地，我还是虔诚点吧。"想到这里，这条狗直起身子，前爪合十于胸部，对正殿规规矩矩地鞠了一个躬，再接着向前走。

进入正殿，眼前景象它始料未及。大厅四周装满了水晶镜子，它还发现有许多条狗正看着它。它担心这些狗与它竞争，马上龇牙咧嘴，露出狰狞的面孔，向眼前的狗们示威，企图把它们吓走。狗们也不示弱，以彼之道还施彼身，它愤怒了，对着它们狂吠，围在它周围的狗同样对着它狂吠。它更加怒不可遏，心想你们组团攻击我，我不是你们的对手，但我可以出其不意，各个击破。于是，它对着身边那条狗猛扑过去，本想一击致命，结果却撞到镜子上，脖子当场折断。这条狗挣扎几下，咽气了。它死不瞑目，瞪大眼睛看着对手。

数年后，又一条狗来到寺庙前，同样震惊了，抱着与上一条狗同样的想法，进入装满水晶镜子的大厅。当时周围出现许多条狗，它着实吓了一跳。不过它很快转变思维，心想在偏僻的地方发现这么多同类，有它们做伴不孤单，它高兴起来，对着其他狗摇尾巴以示友好，这些狗也用同样的行为向它传递友好。它与这些狗和平相处，狗们宽容大度地接纳了它。

你可能经历过类似这个传说中的事情。两条狗的态度不同，结果大相径庭。第一条狗用消极的方式对待镜子中自己的投影，招致非命；第二条狗采取积极的方式，过上了快乐生活。人在处于孤独状态时，不是不想回到群体中，借助群体的力量排遣孤独，而是当我们向群体或他人走去时，往往展现出好斗的姿态，以便应付假想中的攻击。有了消极想法，我们会变得格外敏感，与他人相处时，会在意对方释放的信息，倘若认为对自己不利，就会马上进行反驳，达到自我保护的目的。

反驳可以为你赢得心理安慰，但同时可能会使你输掉与对方友好相处的机会，将直接导致你进入尴尬孤立的境地。例如，与人相处时，对方无论出于哪种目的，指出你的小缺点或不足之处，你通过摆事实讲道理，纠正对方的片面认识。你以为这是善意的举动，对方可不这样认为，他会觉得你太自我，不值得把时间浪费在你身上。当你再想与对方交流相处时，对方可能会找理由委婉地拒绝你，即便碍于面子答应你的请求一起相处，也会因你不敢正视自我而蒙上阴影。金无足赤，人无完人，每个人都有这样那样的小缺点、小毛病，有则改之，无则加勉，于己于人都有好处。同样的场景，对方指出你的不足或小缺点，如果抱着积极的心态去看待，不遮掩、不强词夺理，你就会获得对方的信赖，认为你值得交往，愿意把你们之间的友谊保持下去。

积极与消极贯穿人的一生，二者相互交织，我们不可能永久摆脱其中之一。有时你自认为很阳光，其实那是为了应酬复杂世界做出的表象。独处时有些挫败感、不如意突然发动袭击，让你很迷茫、受伤，感觉自己孤独可怜，如同海面上正常行驶的航船迷失了方向。

与外界保持联系，对预防孤独尤为重要。当然，少数隐者完全不与社会交往，照样活得逍遥自在，不会产生孤独感。但我们大多数人都是普通的社会成员，需要有与其他人在一起的归属感。不如意时，容易产生消极想法，孤独也就顺势占据了你的内心。此时，与人交流尤为重要，就算只是听别人讲话也大有益处，需要指出的是，对方必须是积极的，你在对方积极情绪的感染下，自身的消极会一点点退却，继而转变为积极状态，如此一来，孤独感便会烟消云散。

02

苗蕙大学毕业后放弃了父母在老家给她找好的工作，独自来到大都市追逐梦想。大都市的确有很多机会，在激烈的竞争环境中，不容有半点安逸。刚开始，苗蕙有些吃不消，有打退堂鼓的念头，但想到当初信誓旦旦地离开老家，如今再灰头土脸地拉着行李箱偷偷回去，面子上挂不住。

经过一番思想斗争，苗蕙决定留下来。深度体验"上班就是遭罪，挣钱比驴拉磨还累"后，她适应了都市的快节奏，习惯了下班后回到出租屋，关上门过着不识对面邻居是谁的生活。

近来，苗蕙换了工作，不得不搬家。刚搬进新家几天，她就懊悔不已。原来她隔壁住着一家四口，年龄小的宝宝经常在夜晚哭泣，严重影响她的睡眠质量，导致她白天头昏脑涨，工作不在状态。

一天，苗蕙刚回到家里，就突然停电了。她摸索着寻找备用蜡烛，这时传来敲门声，苗蕙有些纳闷，拉开房门，发现面前站着一个小女孩，小女孩双手背在后面，笑眯眯地问："姐姐，您有蜡烛吗？"苗蕙意识到孩子是来借蜡烛的，她拒绝了，说："没有。"

小女孩没有离开，把手臂从背后转过来，手里攥着两根蜡烛，递到苗蕙面前，说："给您，是妈妈让我送的。我是您邻居，住在您隔壁。妈妈还说，您刚搬过来，生活上缺少什么，就去我家里找。"

小女孩目光清澈，满脸天真，未等苗蕙说话，就把蜡烛塞给她，说了句"姐姐再见",扭身走了。那一刻,苗蕙心里暖暖的,泪水差点从眼窝中奔涌而出。

人家送来了光明,咱总不能无动于衷吧。第二天,苗蕙买了些水果去隔壁看望孩子。邻居家是两室一厅,虽陈设简单,却显得格外温馨。开门者是小女孩,见到苗蕙,她大声喊道:"妈妈,隔壁姐姐来了。"里屋走出一位怀抱婴儿,看上去比苗蕙大十岁左右的女性。妈妈很热情,请苗蕙进来,苗蕙简单客套了几句,留下水果抽身离去。

后来,孩子的妈妈做了好吃的饭菜,总不忘让孩子给苗蕙送来一些。一来二去,两家熟悉起来。孩子的妈妈曾是职场精英,因照顾孩子放弃工作,苗蕙很快与她成为好朋友,大到未来规划,小至生活细节,两人无话不谈。至于职场那些事儿,作为前辈,她毫无保留,向苗蕙面授机宜。苗蕙打心眼里佩服邻家姐姐,两家互动得比亲戚还亲密。

苗蕙原本适应了由钢筋混凝土组成的冰冷都市,始终以独处的姿态拒绝与周围人打交道。由于一次意外停电,她才感受到邻居的热情,也渐渐打开心扉,愿意接纳外人,她也因与邻居友好相处,意识到诗和远方并非存在于想象中,有时仅隔着一道门的距离。

有位哲人曾说:"一同生活,如此美妙。"提醒我们与他人相处的乐趣。回忆儿时读书的日子,一起上课,一起回家,一起做些荒唐事,快乐就像个小傻瓜,一路陪伴我们嘻嘻哈哈。那时的我们不知烦恼为何物,就算遭老师批评而短暂不开心,扭脸又欢天喜地。随着年龄增长,想法增多,我们不是不想快乐,而是变得缩手缩脚,总担心与他人交往时，对方在背后藏有心机，于是我们严防死守，作茧自缚般把自己包裹在孤独里，将孤独演绎成一声声无可奈何的叹息。长此以往，只能在孤独中一点点耗尽当初的锐气。

上苍赋予人热情与爱，就是希望我们真诚对待同类。打破孤独，必须以开放的心态，积极主动地融入周围的环境与生活。当习惯成为自然，你展露一个笑脸，外界会回馈你一片花海。

5

CHAPTER

找寻：也许你不够自信

孤独其实是一种境界，许多人无法与它和平相处，更不懂得如何去珍惜。在他们的认知里，孤独意味着无聊、无趣与寂寞。实则并非如此，许多人因孤独而闪闪发光，主要在于他们拥有一颗自信的心。提升自信，主动抓住孤独赐予的契机，你就能在普通的日子中发现非凡之美，就能在悄然不觉间为生活加冕。

从不太适应到自在独行

01

简姝最近升职加薪，周末她放弃睡美容觉，早早起床去市场买回新鲜排骨和蔬菜，准备犒赏自己。

中午，两菜一汤在她的精心烹制下摆上桌面。莜麦菜青翠欲滴，火候适中；醋熘土豆丝纤细均匀，脆爽可口；瓦罐内的玉米排骨汤橙黄透亮，表面漂着点点油花和粒粒枸杞，犹如一幅江南水墨画。

如此美味佳肴，岂能不拍照留念？简姝拿出手机，调整好角度，对着美味左一张右一张，边拍边欣赏。正当她按键，想给排骨玉米汤留下精彩一瞬时，手机铃声突然响起。是她闺密打来的。

简姝按下接听键，手机那头，闺密问："干吗呢？"

"拍照。正准备吃饭。"简姝十分兴奋。

"臭美吧你！"

"哈哈，难得有这份心情，等会儿你看我的朋友圈吧。"

闺密又问："一个人？"

"没有你陪伴，可不一个人吗？"简姝语气里带着点调皮。

"可怜的孩子呀，到了该结婚的年龄还孤身一人，连吃饭都没人陪。作为好闺密，我有责任、有义务尽快帮你物色个男朋友，让你早点儿结束单身生活。"闺密在手机的另一端痛惜道。

闺密的一番好意，在她听来非常难受。简姝匆匆挂断电话，没了胃口，呆坐在沙发上。在这之后，简姝有了心事，不再是以往那个有事不往心里搁的女生了。随着心态发生变化，各种烦恼也如天女散花般扑面而来。她开始怀疑自己，对自己缺乏信心，在意眼角是否长了细纹，当看到大街上或电梯间搂抱的小弟小妹们，装着藐视，然后逃回家中看《北京的单身日记》或《欲望城市》，用流泪的方式自我安慰，甚至担心这样下去会孤独终老。

美国发展心理学家和精神分析学家爱利克·埃里克森把人生分为八个阶段，在每个阶段中，每个人都需要面临并克服一些挑战，只有完成本阶段该做的事情，才能从容进入下一个阶段，接受新的挑战。如果在某个阶段没能完成相应的挑战，那么未来就需要面对许多新的问题与麻烦。对简姝而言，各种围绕不结婚的负面信息已经严重干扰了她的正常生活。

一段时间后，简姝发现自己有抑郁倾向。心理出现问题，再这样下去，后果很危险。她主动求助心理咨询师。

简姝说："我的心理一直很健康。那次通话中，朋友说我可怜，总是一个人吃饭，一种孤独感猝不及防地向我袭来，想摆脱却躲不开。"

心理咨询师问："你在未接到那个电话之前，明明很享受自己做美食，并不感到孤独，对吗？"

简姝说："是啊！听到朋友的话之后，心态瞬间改变了，我也瞬间崩溃了。"

心理咨询师又问："你是害怕孤独，还是在意别人觉得你孤独？"

简姝略加思忖，说："应该是后者，我独处时并不感觉孤独，如果不被闺密一语捅破，我自认过得还挺美，只是无法接受自己是别人眼中的'可怜人'，因此而孤独。"

通过双方三个小时的交流，心理咨询师了解了简姝的困惑，说："闺密的话是善意的，你对'可怜'二字过于敏感，在理解上出现偏差，闺密这样说是爱的表达，不是说你一个人生活过得很凄凉。以后，每当你想到这件事时，不要憎恶'可怜'，要转变思维，把它解读为'可爱''温暖''阳光'等暖性词汇，对减轻心理压力有所帮助。"

简姝有些迟疑，将目光移向上方的天花板，再转移到心理咨询师身上。心理咨询师目光凝重，表情平静，用手势示意她先喝口水。简姝显得有点不自在，双手捧住面前的水杯，点点头算是答应了心理咨询师对"可怜"转变思维的建议。

心理咨询师还说："在传统观念里，你在该结婚的阶段没有结婚，难免会成为'异类'，所谓'异类'就是特立独行。走特立独行的路，孤独不可避免。你的真实生活状态与心理状态之间隔着一层纸，双方互不干扰，互不融合，在闺密未捅破前，你看花，花好；看月，月圆。闺密捅破这层纸后，你的心理状态影响了你的真实生活，你看花，花暗；看月，月残。造成这种现象的原因，是你没能适应与大众格格不入的生活。"

特立独行导致的不合群，与人类漫长进化过程中形成的群居性有必然关系。群体生活给予我们安全感，单独行动时，我们内心会拉响警报，会孤独，产生焦躁。蒋勋在《孤独六讲》中有段话说得特别好："我们一方面不允许别人孤独，另一方面我们害怕孤独。我们不允许别人孤独，所以要把别人从孤独里拉出来，接受公众的检视；同时我们也害怕孤独，所以不断地被迫宣示：我不孤独。"这段话里对孤独的论述，看似矛盾，实则统一。而特立独行，被他人视为"异类"，只是因为我们在长久的生活中，过于习惯"大同"，对他人和自己的"出格"行为不太适应。简姝的心理变化就是一个自我不适应的例子。

特立独行需要具备强大的心理素质，当偏见或误会出现，要有一笑而过、充耳不闻的魄力，而不是活在别人的规划与指点里。能特立独行的人，心中有明确方向，知道自己在做什么，未来要如何做。

简姝在心理咨询师的帮助下，厘清了特立独行与孤独的关系，按照对方开出的"药方"进行实践，渐渐地，她回归自我，成为真正特立独行的单身女性。

02

　　以前，我刚到一家新公司上班时，同事很热情，帮我在短时间内适应了新的工作环境，唯有张昊似乎不待见我。有时我主动跟他打招呼，他"嗯"一声或腼腆一笑作为回应，我有些纳闷。同事悄悄告诉我，这人不合群，喜欢独来独往，从不多说一句话，也从不参加我们私下组织的活动。

　　我平时对心理学有所研究，张昊的行为，应该是性格内向造成的。我当时没有把他的行为放在心上，同在一间办公室内，他是他，我们是我们，泾渭分明又和谐相处，他在我们的世界里如同空气般毫无存在感，我们在他的世界里扮演哪种角色，他也不会透露任何蛛丝马迹。

　　一段时间后，我发现张昊对待工作不能只用勤勤恳恳来形容，他比一般人更专注、认真，凡事要求尽善尽美，尤其是在团队配合上，他心思缜密，考虑周全，同事们想不到的地方或实施过程中可能存在的纰漏，他都会提前做好预案。原来，他的不合群，是不合我们俗里俗气的"群"。有一种特立独行的人，与群体保持距离，或冷若坚冰或铁板一块，他们喜欢独处，不怎么说话，非要表达时，语速不紧不慢，表现沉稳；他们善于思考，动手能力强，往往能给他人带来惊喜，属于行动中的厉害角色。张昊大概就是属于这类特立独行者吧。

　　一个周末，我去图书馆看展览，意外碰到张昊。当时，他抱着一摞资料从图书馆里走出来。恰好赶上中午饭点，我硬拉着他去图书馆旁边的美食城，张昊有些犯难，几经犹豫，还是给了我面子。我们随便找了一家快餐店，边吃边聊。

他不健谈，但也不至于半天挤不出一个字。一问一答间，我对张昊总算有所了解。张昊来自偏远农村，读完大专后外出打工。我旁敲侧击，善意提醒他融入同事中，他随即明白我的意思，跟我说，与同事们聚会，不能总让别人请客吧？他能省则省，多节省一元钱，父母就少受一份累。再说，这样的聚会无非是吃个饭，没什么意义，不如把时间放在学习上。交谈中，我得知他已通过自考拿到本科学历，正在为考研做准备。

"你独来独往，把自己关在一个人的世界里，不觉得孤独和无聊吗？"我问。

张昊嘿嘿一笑，说："刚踏入社会时，我曾有过这种感受，当找工作连连碰壁，发现大专文凭无法满足社会竞争时，我给自己定下目标，考本科、考硕士研究生，此后我强制自己学习，也就慢慢适应了现在的生活状态。"张昊显得有些自豪，又说："同事们认为我独来独往、不合群，对大家都有益处，至少我不会'害群'。心里装着目标，喧闹使我不知所措，让我有想逃离的感觉，而缺少独处时间，就像缺少食物和水，使我疲惫不堪。依赖孤独，喜欢独处，就像小草依赖阳光雨露一样，让我对未来产生了信心和安全感。"

易卜生说过："独自忍受一切的人，是世界上最坚强的人。"与张昊交流时，他所表现出来的坚韧，我自愧不如。

饭后，他回去，我看展览。他远去的背影，不是形单影只、孤独无声，有一种特立独行叫默默无闻，在我们无数次的忽略中，冲刺般奔向某一个顶点。

停止害怕被人瞧不起

01

程序员陆骏只要在公司里待着，就坐在电脑前不停地敲代码，几乎很少听到他说话。他踏实能干，抗压能力强，上司交给他的任务，他总比其他同事完成得快。同事也习惯请他帮忙，他点点头不说什么，也就答应了。

可以说，部门里的十多位同事，陆骏都为他们无偿付出过。完事后，同事夸奖他说"你了不起""你真棒""你真是个超人"，陆骏听后挺满足，嘿嘿一笑，继续噼里啪啦敲打键盘。

程序员与一般工种不同，加班熬夜如同家常便饭，许多员工不修边幅，不刷牙、不洗脸并不新鲜。陈刚则不同，他每天西装革履，皮鞋铮亮，用行动颠覆了人们对程序员的印象，同事们称他是程序员里最有魅力的男人。陈刚很享受这种夸奖，故意用手拢了拢油光可鉴的头发，继续大谈网络时代如何恋爱，惹得同事们羡慕不已，纷纷请他指点迷津。

陈刚一副大师姿态，说："免费给兄弟们当爱情导师，帮兄弟们在网络中寻找真爱，这都不是事儿。问题是，我给兄弟们传经布道，势必会耽误工作，不能如期完成任务，怎么办？"

群聊内大家几乎不约而同地打出让陆骏帮忙的字样，陆骏连忙发出一个"擦汗"的表情，不表示反对也没明确拒绝，只是告诉大家："哥很忙，忙得汗流浃背。"同事们岂肯放过他，轮番糖衣炮弹，陆骏也就默认了。事实上，陆骏在工作上没少帮陈刚，他的业务单元里，几乎都有陆骏忙碌的身影。

新项目又下来了，也是陈刚恋爱的关键期，据说对方是平面模特，模样长得很迷人。陈刚第一时间找到陆骏，请求他帮自己分担一些工作。陆骏本不想答应，架不住陈刚巧舌如簧，还许诺让模特介绍姐妹给陆骏认识。无奈之下，陆骏只好应允。

不料，陈刚的工作出现失误，上司开部门会议，对他进行点名批评。会上，陈刚态度很好，只是不停地向陆骏投去责怪的目光，看得陆骏比自己工作失误还难受。会后上司找到陆骏，对他说："陈刚的这次失误与你有关吧。"

陆骏满脸阴沉，没有说话，点了点头。

上司说："你帮助他们，我早就知道，以后做好自己的事，对于同事能帮则帮，不想帮时一定要拒绝，不要勉强自己。"

"我……"

"说，别吞吞吐吐，有什么想法尽管说出来。"

"您也知道，我是通过自考拿到文凭的，学历不如他们，担心他们瞧不起我，我才对他们有求必应，就是想证明我不比他们差。"陆骏说。

上司说："自考与统招在我这里没有区别，我看重的是一个人的能力，当初录用你，是因为你的能力和毅力打动了我。想让别人瞧得起你，你一定不能自卑，建立自信心，才能赢得他人的尊重。如果你缺乏自信，就算你把他们的工作全部揽下来，他们该看不起你还是看不起你，你在他们眼中就是一个工具。帮人做事，是个人美德，我不反对。今后，你一定要记住：你对别人的好就像一杯水，喝了就没了，别人不会放在心上；你对别人的不好，则像仇恨，不会轻易从他们的记忆中抹去。这是人性的弱点。"

上司没批评陆骏，还给了他一些指导性建议，让他颇为感激。回到工作间，大家向他投去异样的眼光，在同事群里，陈刚大倒苦水，说陆骏不靠谱，把自己害惨了，同事们虽未直接指责陆骏，却旁敲侧击地说风凉话。陆骏浑身不自在，竟然在微信群里公开向陈刚道歉。陈刚反而表现出大度的姿态，回复道："请你以后做事认真点儿，别再辜负大家的期望。"

陆骏没做出回应，群聊中冒出一张张笑脸，似乎在庆贺陈刚的胜利。这件事说过去也就过去了，陈刚依旧很活跃，但是在陆骏看来，问题并没有这么简单，他发现同事们不再带他"玩"了，不再寻求他的帮助，不再拿他开心取乐。他们明显在孤立自己，陆骏陷入孤独之中，不久后他选择辞职离开。

02

刚毕业那会儿，我是生瓜蛋子一枚，还有点争强好胜，天天想着如何让上司对我满意，结果因为一件小事被弄得鼻子不是鼻子、眼睛不是眼睛，气得上司连连摇头。本想以精彩亮相登上社会大舞台，结果却铩羽而归，我用"无能、饭桶、啥也不是"无数次指责自己，人也变得沉默寡言、孤孤单单。

那时，办公室就像一个审判庭，我总觉得耳边有同事的嘲笑声和指责声，还特别在意上司的身影，只要他出现，我马上就会产生担心他辞退我的应激反应。人生第一份工作，我格外珍惜，不想随意丢掉，一辈子活在受到当头一棒的隐痛里。

如此境况维持了一个多月，孤独、寂寞、无奈、不安统统化作千军万马，不停地攻击我敏感而脆弱的心，我想反抗，却找不到有效途径和突破口，直憋得自己满口水泡，细胞在体内噼里啪啦不停地爆裂。再这样下去，我迟早要心理崩溃，真要成为"柴废"了。

一天，趁其他同事不注意，我鼓起勇气问身边一位年龄稍长的女同事："姐，你人缘好，看起来很快乐，请问你是如何在工作与快乐之间找到平衡的？"当时，她正在整理手头资料，为开会做准备。听到我的问话，大姐对我微微一笑，说："调整好心态比什么都重要。"说完，她匆匆离去。看着她的背影，我不免有些失望。

午间，同事叽叽喳喳地出去了，我胃口全无，独自趴在桌上假装睡觉，大姐回来，拍拍我的肩膀，说："弟弟，别闷在这里，去楼下喝杯咖啡。"我勉强挤出笑容，随大姐下楼。我平时不喜苦味，却一反常态要了杯清咖，轻抿一口，苦涩瞬间占据味蕾，我强装习以为常，把口腔内的褐棕色液体咽下。可能微表情泄露了信息，大姐给我杯内添了两块方糖，说："还是甜点儿好。"

阳光透过玻璃，照射到身上，给人一种暖暖的感觉。当聊及我目前的状态时，大姐语重心长地说："你现在所有的遭遇都是我过去的经历。当时做任何事情都不得要领，我恨自己，暗地里不知流了多少泪水。向朋友述说委屈，对方张口就说：'想得太多，反而弄巧成拙；懂得做减法，才会省略多余的牵挂。'"

大姐搅动一下咖啡，又说："朋友的话对我触动很大，渐渐地我明白了，身在职场，工作的推进无法只靠个人的意志，一个项目的成败是由多种因素决定的。尽力去做，是态度，做好与做不好是两码事。"大姐还给予了我鼓励和安慰，我的心情也放松了许多。

后来，在大姐的帮助下，我学会放过自己。想归想，个性使然，很难改变，想完一遍后，发现自己对"最糟糕的"和"最得意的"都能接受，也就不再有负担了。如此一来，心情得以舒张，整个人有了自信，再做事情时就显得从容不迫，上司也改变了对我的看法，表扬我进步很快，与同事相处得也十分融洽。更为神奇的是，我不再有孤独感，先前担心被人讨厌、被人瞧不起的想法也随之烟消云散，取而代之的是内心一片阳光明媚。

"多想"本身没有错，孔子不是说"人无远虑，必有近忧"吗？对不可预知的事物存在一些担心，未尝不是好事。关键在于，摆正心态、调整好情绪，理性对待眼前所拥有的。

03

有位心理学家请来特效化妆师，为志愿者们画"疤痕妆"，把他们安排在不同区域，感受陌生人对他们的态度。值得一提的是，这些志愿者在离开前，特效化妆师还进行了补妆。

实验结束后，一个志愿者说："刚在医院长廊里坐下，就有两个护士一直有意无意地瞥我，还小声嘀咕，虽然没听清她们说了什么，但可以猜到她俩在嘲笑我。"另一个志愿者说："我坐在公园的长椅上，身边走过的人或扭头看我或迎面盯着我，其中一位中年男人见我距离他很近，像躲瘟神一样离开了。"还有的说："我走在人群中，他们见我过来，不是侧身避让就是改变了行进路线。"

总之，志愿者们都感受到了他人的差别对待，甚至被"歧视"。这就是心理学上著名的"疤痕实验"，志愿者们被人瞧不起，其实是心里的"疤痕"在作祟，与脸上所谓的"疤痕妆"无任何关系，因为特效化妆师在借口补妆时，已经把他们脸上的"疤痕"清除得干干净净，而志愿者们全然不知。

"疤痕实验"提醒我们，在"疤痕"心理作用下，个体对外界的认知能力变弱，通常通过负面信息进行自我判断。以志愿者到医院的感受为例。两个护士小声说话，眼神到处瞄，可能是在担心领导查岗，而不是因为他脸上有疤痕，而志愿者心里装着"疤痕"，才误以为她们是在议论自己。在人际交往中，"疤痕"心理经常出现，有些人对自己的缺点格外在意，常常产生被人瞧不起的念头。

小雨胖乎乎的，属于婴儿肥，模样挺可爱。上学时，别人说她胖得像个"小冬瓜"，她和对方大吵一架。

近来小雨很郁闷，在老乡聚会上沉默不语，大家看出她有心事，问她工作和生活中出现了什么难处。她本想搪塞过去，但老乡们七嘴八舌，"我们就是你的亲人，外人要是敢欺负你，我们绝对不同意。"老乡们的话朴实无华，句句真切感人，她泪眼汪汪地说出了实情。

她有一个朋友，无话不谈。朋友的男友想买车，朋友打电话向她借钱，还不是小数目。小雨每月留下基本生活费，把剩余工资全交给父母补贴家用，自己根本没存钱。朋友不相信，说她太小气，把电话挂了。之后，小雨多次打电话向对方解释，对方不是挂断就是不接。

听完小雨的讲述，老乡们义愤填膺，"君子之交淡如水，她根本就不应该向你张口。""连基本的信任都没有，这样的人不值得交往。""别说没钱，就算有，也不能借给这样的人。"大家议论纷纷，一边谴责对方不懂为人处世之道，一边好心安慰小雨。

小雨擦了一把眼泪，说："由于自己胖的原因，我很早就有自卑心理，担心别人瞧不起我。踏入社会后，我一直小心翼翼地维持人际关系，朋友有所需求，只要能做到，哪怕委屈自己，也要保证让对方满意。这次我无能为力，可她不这样认为……"

正说着，对面插过来一句："胖是富贵相，我做梦都在想如何长胖，可年过半百还是瘦麻秆的模样。"一句话把小雨逗乐了，大家也跟着哈哈大笑。对方又说："你与我女儿年龄差不多，在我眼里，你还是个孩子，没有经历过太多的人情世故，但请你记住，无论任何时候，都一定要瞧得起自己。如果自己瞧不起自己，所有努力都是枉然，别指望能换来他人尊重你。她不理解你，说明你们不是一路人，总有一天会因某件事爆发矛盾而各奔东西。她向你借钱，你未能满足她，就是很好的例子。"

老乡的话虽称不上醍醐灌顶，但说明了一个道理：人都有短板，是否被人瞧得起，并非由他人决定，而是我们自己。

哪怕是缺点，也要真实接纳

01

一天，美国心理学家阿伦森请一组人员听四位演讲者的录音。录音中，第一位演讲者才华横溢、旁征博引，演讲过程中没有出现任何失误；第二位演讲者与第一位同样优秀，但在讲话过程中碰翻了杯子；第三位演讲者才华一般，整个过程中规中矩，没出现失误；第四位演讲者的才华也一般，而且碰翻了杯子。

参与者听完四人的演讲，阿伦森让他们从中选出一位自己喜欢的演讲者。参与者给出的结果是：第三位、第四位不在考虑范畴；第一位最出色，但并不是最受欢迎的人；第二位碰倒杯子、有才华的人最受欢迎。这就是"阿伦森效应"，它表明，人们更喜欢有缺点的人。

为什么会出现这种认知？一般情况下，普通人在与看似完美的人交往时，难免会因不如对方而产生自卑心理。当发现优秀的人与自己同样有缺点时，自卑心理就相对减轻，产生安全感，愿意与之交往。

遗憾的是，很多人不敢正视自己的缺点，反而刻意回避和隐藏，主要原因是害怕被孤立。他们认为，如果他人知道自己的缺点，会被对方瞧不起；如果实力被看穿，会让他人对自己失望。于是有了兜里没几个钱，偏偏出手阔绰、装作很富有的人；本来不优秀，却不断吹嘘过往种种辉煌经历的人；岁月早已在脸上刻下标记，却卖萌装嫩，觉得自己还年轻的人；本来不懂，却摆出老练成熟姿态的人；本来自私自利，却在公众面前表演爱心泛滥的人。

与之恰恰相反，敢于面对孤独、不怕孤立的人，不会回避缺点，他们不需要迎合别人，也没有这方面的心理负担，他们以真实示人，周围的人若因无法接受而离他而去，也不会觉得遗憾。

比如我，缺乏魄力、社交能力差、喜欢独处，别人听后，反倒惊讶，问："是吗？我怎么没看出来呢？"

以前创业时，我把失败经历毫无保留地告诉潜在客户，再给对方分析失败的原因。当我说完后才开始后悔，担心客户不愿与我合作。结果恰恰相反，对方说："一直以为你一帆风顺，没想到也有失败，希望我们合作成功。"

经验告诉我，肯定自己的缺点而不去掩饰它们，内心的自卑感就会相应减少，反而激发自信心。所以，把缺点袒露出来，接受阳光、雨露的呵护，你会因此变得更加有魅力。

02

最近看到一则故事，对把缺点反转为优点很有说服力。

热带草原上，死一般沉寂，他隐藏在草丛中，瞄准镜里突然出现色差，他沉着冷静，扣动扳机，一团绿色应声倒地。

他是一名狙击手，入伍才一个多月，已有十二个入侵者倒在他的枪下。在所有狙击手中，他的枪法不是最准的，也没有埋伏在最有利的射击位置上，但他无疑是效率最高的。他能一击致命，秘诀在于能在一望无际的绿色波涛中，一眼分辨出迷彩服的绿色与草地颜色的差异。在他眼里，那是两种截然不同的绿：一个稍微浅一些，另一个稍微深一些；一个稍微亮一些，另一个稍微暗一些；一个显得有生机，一个色调呆板。

他抓住两种绿之间的差异，那些潜伏的一团团绿色，被他识破、锁定、歼灭。莫非他具有特异功能？不是。他是一位乙型色盲患者，也称绿色盲，完全无法分辨绿色与深红色、紫色与青蓝色、紫红色与灰色之间的区别。

色盲曾让他苦不堪言。过马路时，无法识别红绿灯，当他走到有信号灯的路口前，只能根据车辆的行驶或停止做判断，或跟在其他人后面小心翼翼地穿过马路。上学时，有一天早晨，他感觉有点冷，从衣柜里取出一件灰色外套穿在身上，到达学校，同学们见到他后哄堂大笑。他蒙了，不知道大家笑什么，一位平时与他关系比较好的同学把他拉到一边，问他为什么穿一件紫色女装。他这才明白同学们发笑的原因，原来慌乱之中，错把姐姐的衣服穿了出来。最让他难堪的是，一次美术课上，老师让大家以春天为主题，画一幅画。他画出房屋、太阳、草地和树木。当老师让各位同学讲解自己的作品时，他兴致勃勃地说，自己的画中有黄色的屋顶、红色的太阳、绿色的草地、青色的树冠。

话音刚落，笑声似乎要把教室的屋顶掀翻。原来，在他的画中，屋顶是红色的，太阳是灰色的，草地是棕色的，树冠是浅棕色的。

美术老师没有因为他搭配错颜色而批评他，还给他评了八十分，并告诉他："虽然有些颜色你不能分辨，但一定要坚信，上帝不会少给你一种颜色。"

由于色盲，他自卑、孤独，觉得自己比正常人矮半头。中学毕业后，他没有继续求学，随父亲一起做农活。战火烧到了他的家乡，国家需要补充兵源，他报名参军，但在体检时因为色盲，被无情淘汰。看到同龄人手握钢枪，为保卫国家贡献力量，他恨死了自己的一双眼睛。

正当苦恼彷徨时，他迎来转机，部队要招一批狙击手，因为他是绿色盲，相当于拥有特殊能力。他被选中了，经过战前简单训练，被派上战场。

他叫宾得，是二战时期盟军中优秀的狙击手，共击毙三十八名敌人。战争结束后，宾得被授予英雄勋章。

绘本《鲍勃是个艺术家》一书中，小主人公鲍勃是一只长着红色尖嘴的小鸟。细长苗条的双腿没能给他的生活带来快乐，反而让他很苦恼。

走在街上时，猫冷不防从背后窜过来，说："大家快看，他的那双腿又细又小，真可怜。"猫头鹰一阵冷笑，说他的腿像细竹竿。其他鸟也说："你的腿真瘦小。""见过细小的腿，但从未见过你这样细小的。""老老实实躲在家里吧，别出来瞎溜达，万一刮来一阵风，把腿吹折了怎么办？"

大家七嘴八舌，嘲笑鲍勃的一双细腿。外界的评价让鲍勃很受伤，他不愿再出门，整天躲在家里。作为鸟类大家庭中的一员，躲不是办法，他决定改变自己。鲍勃昂首挺胸地走进健身房，希望通过运动让自己的腿变得粗壮结实，一番苦练后，却没有任何实质性效果；运动不行，他使劲地吃，每天把肚子吃得圆鼓鼓的，可腿还是那么细；增肥失败了，他把目光转到穿戴上，给自己穿上长筒袜和裙子，细长腿被遮掩住了，可装束实在滑稽可笑，连他自己都不能接受。

一连串努力最终都失败了。鲍勃难过极了，不知不觉来到展览馆，看到墙上的各种艺术画，他突然来了灵感。星期一，他把大画家马蒂斯的画作模仿得惟妙惟肖；星期二，他模仿画家杰克逊，在自己夸张的大嘴巴上涂抹颜料。当他把画满作品的大嘴巴展示给大家看时，曾嘲讽他的猫、猫头鹰及其他小鸟都惊呆了。"天哪，多么精致的绘画呀！""简直可以以假乱真。""色彩搭配大胆又美丽。"大家的态度立马改变，称他是位天才的艺术家。

此后，鲍勃变着花样在自己的大长嘴上作画，每次都吸引来无数赞美声，大家不再关注他的小细腿了，也不再嘲笑他了。鲍勃再也不用为此烦恼了，他为自己拥有这样一双腿感到自豪。

故事告诉我们，当自身有缺点或劣势时，回避不能解决任何问题，只能让自己变得越来越孤独与自卑。

成长过程中，我们可能遇到种种烦恼。比如，为什么我比别人矮？我的皮肤为什么这么黑？我的单眼皮太难看，我的头发又稀又少，我太胖，等等。许多人因自身的缺点或缺陷，给自己很大压力，它并非来自外界的流言蜚语，而恰恰是不愿接纳自己所造成的。鲍勃前期希望改变自己的细腿，尝试过多种方式，但他失败了，败在不愿接纳真实的自己。

当自己不愿接纳自己时，就会去花费大把精力和能量与自己较劲，造成严重内耗，身心不断受到损伤；当自己不愿接纳自己时，就会整天把目光聚焦在自身的某一点上，视野由此变得狭窄，看不到更为广阔的世界；当自己不愿接纳自己时，就会在意周围的眼光和话语，心理变得敏感脆弱，更不敢把缺点暴露出来，藏得越深也就越孤独。

关注即力量。紧紧盯着缺点，将会把缺点放大，大到自己无力承担，最终拜倒在自卑的脚下；紧紧盯着优势，优势将越生长越旺，让你充满自信。把关注点从自卑上移开，全身心地投入优势中，用优势弥补缺点，缺点便会显得微不足道。比如，我不漂亮，但我做事认真负责；我个头矮，但我能写会说；我肥胖，但我是热心肠；我不善言辞，但我执行力强。

所谓的自卑与超越，就是这个道理。

自恋者不能以自我为中心

01

电影《西西里的美丽传说》中，莫妮卡饰演一位叫玛莲娜的新娘，留守在西西里小镇，丈夫去前线作战，她孤独、寂寞，顾影自怜，不愿与岛上的居民有任何接触，认为他们没有资格认识自己。在她的潜意识里，只陶醉于个人行为与习惯，不在意别人如何评价自己。剧中莫妮卡以自恋者的姿态出现在镜头里，几乎没有一句完整台词。当她穿着时髦的短裙和丝袜，踏着充满诱惑的高跟鞋，挟着冷艳走过街头时，死气沉沉的小镇生动起来，男人垂涎欲滴，女人在背后议论纷纷。我喜欢这种冷艳美，她的外表接近冰点，内心却藏着一团烈火。

这个漂亮女人 1964 年生于意大利，做过模特，后去美国好莱坞发展，相当坎坷。青春一天天流逝，莫妮卡认为绝不能在好莱坞空耗时光，决计离开美国，去法国开拓事业的第二春。

之后，我相继看过莫妮卡主演的《非常公寓》《罗马新年》《致命邂逅》《黑客帝国》等影片，感觉她在那些电影中总不及在《西西里的美丽传说》中表演到位，但看这几部电影时，我不认为自己是在浪费时间。后来我又看了《不可撤销》，这部影片充斥着暴力、狂喜与诗情，其中有关强暴和虐待的镜头长达九分钟。《不可撤销》拍摄于法国。

看《不可撤销》时，我大吃一惊，摄像机像是随意架在"醉鬼"的肩上，摇摇晃晃，天昏地暗，如果是艺术手法所致还可以理解，问题是这种表现远不及菜鸟所为。美国作家亨利·米勒在自传体小说《北回归线》中写道："这本书不是书，是对人格的侮辱、诽谤，是在艺术的脸上吐一口唾沫，是向上帝、人类、命运、时间、爱情包括一切美好事物的裤裆里踹一脚……"《不可撤销》比《北回归线》还粗鄙，连向裤裆踹一脚的资格都不够，充其量不过是路边情色行为。

看完之后我如梦初醒，对于一位年届四十岁的女人来说，突然恣意绽放，是为捞得资本的最后时机。影片中莫妮卡超级自恋，她大胆、放纵、夸张，恨不得把细胞里的所有欲望都醋畅淋漓地展现出来。镜头中，她像一只疯狂的母狼，怒吼、咆哮、暴烈，似乎要榨干施暴者的最后一口气。她的举动无疑让全世界目瞪口呆，同时也昭示了一颗不甘没落的心。如此表现，多少有点像在狂欢节最后一天戴上皇冠或脱去身上的最后一片布纱，然后赤裸裸地来，赤裸裸地去。而对观众而言，一通身体充血后，剩下的是呕吐和谩骂。

遭遇暴虐之后，莫妮卡躺在草地上，头顶蓝天白云，孩童在身旁快乐嬉戏，镜头俯视，音乐在画面中回旋，如此表现预示着结局。这种短暂的安宁，将一个自恋者的心态恰到好处地表现出来。一个人若满足于自恋心理，有时会异常冷漠，甚至丧失做人的基本规矩，不顾一切地把他人作为陪衬或铺垫，不在意对方如何想，只在乎自己获得满足感的快感。在《西西里的美丽传说》和《不可撤销》中，莫妮卡饰演的角色均是如此。

当然，电影是在借助艺术形式对人物进行塑造，莫妮卡将自恋者的形象拿捏得准确到位。我不敢妄言在生活中她就是一位自恋者，但至少有自恋倾向。心理学家经研究发现，自恋者通常表现出只爱自己、习惯征服、过分自信、不容他人、非常自私等行为，做什么事都以"我"为中心。

比如"过分自信"，用"放大镜"无限放大自己的优点，面对缺点时则戴上"变色镜"，赋予它色彩感，把缺点粉饰成优点。他们在说话的声音、语速、语调，行走的步态，肢体语言等方面，敏感度较高并经常进行自我训练。因为他们时刻站在"我"的立场上，一只眼瞄着外界，另一只眼进行内视。只要稍有机会，他们就抢先一步，展示自我魅力，尽管这种魅力有时会让局外人觉得惨不忍睹，但他们毫不在意，依然沉浸在沾沾自喜之中。同时，他们还会习惯性地在自我意识中放置一面镜子，随时欣赏自己，甚至利用这面镜子照其他人，探寻他们身上的种种不足，从而满足自己的优越感和与众不同性。

02

我有一个朋友，关系不错，数月未见，约他于一清静之地喝茶聊天。聊着聊着，朋友把话题带到足球上。朋友是足球迷，对中国足球既爱又恨。

扯到足球，朋友最有发言权。他滔滔不绝、声情并茂，刚开始出于礼貌，我用"嗯""啊""是吗"加以附和，后来他说得实在太投入，我听得实在太无聊，连附和也懒得发声了。朋友似乎不需要我回应，两个人的空间，成了他一个人的表演舞台。茶凉了，续上热水；茶杯干了，再斟满，我成了在舞台上打杂的小伙计。给朋友服务的过程中，我在想，"他难道没有注意到我好久没出声了吗？""我好想打断他，又担心扫了他的雅兴。""算了吧，还是让他尽情说下去吧。"

朋友此时不需要双向互动，仅是单方面输出就够了，他所求不高，只需要听众和仰慕的目光。

一通高谈阔论后，朋友端起茶杯，一饮而尽，我以为他要继续说下去，遂做好打持久战的准备，哪料朋友把话题一转，抛出一句："你觉得我是什么样的人？"

跨度也太大了吧？刚才还是足球，转眼"换了人间"，我一时语塞，被他问得不知所云。评价一个人，需要综合考量，并非一句话就能搞定。朋友见我不语，语气变得比较柔和，用引导的语气说："通过我们的交往，你认真想一下，我是不是自以为是，比较自恋？"

他这么一说，我笑了。朋友挺有自知之明，他的确是这样的人。

与朋友认识已有十年之久，他为人热情大方，还很仗义。总体而言，朋友学历高，工作好，相貌英俊，家境优越，见多识广。正是因为自身条件好，他不知不觉间养成了自视高人一等的坏毛病，在朋友圈里喜欢当老大，喜欢给他人做决策。不仅如此，他在言谈中还常常流露出对别人的藐视，"这件事你认为很困难，凭我的能力，能把它做得很完美。""同事的社交能力太差，若有我的一半，客户也不至于被他人抢走。""以我的条件，只要我想做的事情，没有办不到的。""老板没读过大学，还缺乏大局观，我的建议那么好，他竟然不采纳。"

每次他说这些话时，并非在刻意炫耀，也不是有意看不起他人，而是他在潜意识中认为自己是一位有能力、非常出色的人。

说者无心，听者有意。他的言语，给人造成"自信过了头""太自恋"的感觉，自然也就让他四处树敌。朋友没有意识到，觉得自己被孤立了，大家好像不喜欢他。有自恋人格的人，就像活在一个透明的玻璃瓶里，隔着玻璃感受世界，自恋者不出去，外面的人也别想进来。他们躲在玻璃瓶里，除自娱自乐外，大部分时间是孤独的。

作为朋友，本应早提醒他注意处世的态度，碍于某些原因，我没有直接开口，既然今天他主动问我，我就应该帮他击碎玻璃瓶，便说："你的确有点自恋，做事、说话不太在意别人的感受。"语末，还补充道："为什么问我这个问题？"

朋友长叹一声，面部表情骤然暗淡下来。朋友说，他又失恋了。

朋友前前后后谈过不少女朋友，不能将他冠为"情场老手"。情场老手的动机有所不纯，当把对方的心"偷"走后，就找种种借口从中抽身，再猎寻下一个目标，周旋于下一段恋情。朋友对每段恋情都认真用心，谈着谈着，小手还没牵安稳，就与对方成了陌路人。

三个月前，朋友在一次业务接洽上，认识了一个女生。双方相见恨晚，发展迅猛，正当他对这段恋情胸有成竹时，意外出现了。

周末晚上，双方约定看电影。朋友想看惊险片，女友想看情感片。观影兴趣发生分歧，其中一方妥协，也就你好我好，咱俩好了。女友坚持己见，朋友摆事实讲道理，说出一大堆看惊险片的好处，对方任性到底，不肯点头妥协。朋友不愿妥协，继续做她的思想工作，终于把女友说"动"了。不是动心顺从，而是动怒了。她扔下一句："自从咱俩认识，什么都得听你的，我已做出太多让步，但你丝毫不在意我的感受。你以为你是天下女生的偶像吗？你的自恋让我承担不起，也没时间奉陪到底；你若不反省自己，下一个女生照样不会惯着你。"说完，甩头离开。

说到这里，朋友完全埋在颓废里，我能体会到他当时内心的孤独与无奈。事后，朋友反复向女友道歉，对方铁了心与他分手，朋友只得作罢。

常说恋爱不存在对与错，主要在于双方是否契合。我安慰归安慰，但不能站在朋友的立场帮他说话，朋友自恋成瘾，是导致恋情结束的主要原因。他认可我说的话，沉默了一会儿，他说："以前数任前女友都说我太自以为是，我并未察觉到严重性，还自认为是她们想法太简单，认知太肤浅。直到这次，她真正刺痛了我，才让我真正认识到自己很愚蠢。"

自恋是一种心理活动，适度自恋具有催化作用，可以激发个人的能动性、创造性和积极性，有利于参与社会竞争。倘若总喜欢别人围着你转，你认为好的大家都要点头称是，你认为恶的大家都要与之划清界限，你掉一滴眼泪，就不允许别人嘴角露一丝笑容，这种自恋就太严重，属于病态。你会因此失去朋友，失去关爱，如果还不能清醒，觉得别人不了解你或嫉妒你，那么糟糕的情况将愈演愈烈，直至被孤独统治。

许多自恋者，不经历大是大非，不会承认自己有错，就像上文提到的朋友那样，女朋友离开了才幡然悔悟。停止自恋，对于自恋者来说确实很痛苦，在你指手画脚、发号施令前，想一想对方不是你颐指气使的奴隶，你手中有没有捏着对方的卖身契，考虑一下对方的感受，或许你就会打消以自我为中心的念头。

因为和解，生活才有诗意

01

我第一次接触海明威的《老人与海》，是在中学老师的严密"监视"下，充分运用"游击战术"读完的。那时理解能力颇为单一，当同学们议论小说情节如何紧张刺激时，我总觉得渔夫老人特别孤独，整个故事充满悲伤的旋律。如果我是这位老人，肯定不会把自己置于海面上，且不说生命随时受到威胁，孤零零一个人漂在大海中，孤独感就会把我击垮。

参加工作后，心智比年少时成熟许多，认识问题也更加全面，再读《老人与海》，我依然认为老人孤独，我对孤独的认知不再浅薄。

小说中，老人一连八十四天一无所获，他没被失落感挫败，依然坚信明天会有惊喜出现，这份豁达、乐观着实令我汗颜。出海捕鱼的过程中，他与自己对话，讲给大海听。鸟儿落在船上，他对鸟儿说："你好呀，你是第一次出远门吗？"手意外受伤了，他对着自己的手安慰道：

"你怎么样了？为了让你尽快康复，今晚我要多吃一些食物。"

数十字，两个小事例，把老人刻画得极其乐观，不会让读者感觉到他孤独地漂泊在海上，这就是海明威的高明之处。老人又出海了，这次他不再落空，经过两天两夜的坚守，捕获了一条比船还要大的鱼。他满心欢喜，却在返回途中因血腥味引来鲨鱼。这些海中的"魔鬼"凶相毕露，张开大口，露出锋利的牙齿，对老人捕获的大鱼发动一波又一波的攻击。在孤立无援的情况下，老人为保护劳动所得，耗尽全身力气，用尽船上的所有工具，与鲨鱼搏斗，也没能挽回大鱼被鲨鱼瓜分的结局。一副鱼脊骨出现在读者的想象里，那又是一种怎样的孤独摆在老人面前？黯然神伤、欲哭无泪、仰头叹息？都不是，这是海明威送给老人的孤独礼物。

整篇小说以孤独为基调，小男孩的出现仅为陪衬。老人曾对小男孩说："年龄是我的闹钟，为什么老年人都醒得早？是想拥有更长的一天吗？"小男孩回答："我可说不好，我只知道年轻人睡到很晚也懒得起床。"看似可有可无的对话，好像与孤独毫无关系，若我们深入了解老人的内心世界与生活轨迹，便会发现他与孤独紧密相连。人活到一定年龄后就会格外珍惜每一分每一秒，老人没工夫抱怨生活，只想竭尽所能，在孤独中做一些对自己、对他人有意义的事情。

在《老人与海》中，孤独是老人生命中不可或缺的一部分，他经历过太多沧桑与磨砺，早已与孤独和解。美国职业橄榄球联会前主席 D. 杜根曾说："强者不一定是胜利者，但胜利迟早属于有信心的人。"这就是"杜根定律"，其核心含义是自信与否能决定一个人的成败。现实生活中，我们常会听到"我行吗？""我可以吗？""我适合吗？"这样的话。说者往往缺乏信心，从心理学角度分析，属于自我暗示，表明"我不行"，无法胜任。缺乏信心的人，事业上不会成功，因为他们惧怕困难，害怕失败。反观那种常说"我可以""我能胜任""我一定行"的人，往往会取得成功，因为他们无所畏惧，对自己充满信心，毫不怀疑自己的能力。

《老人与海》中，老人是战胜孤独的强者，与鲨鱼搏斗时，他输了，输得只剩下鱼脊骨。但我们有理由相信，某一天夕阳西下时，他会驾着船满载而归。

02

英国作家丹尼尔·笛福的《鲁滨孙漂流记》，讲述的是一位富家子逃离家庭束缚，不断探险的故事。小说主角就是我们熟悉的鲁滨孙大公子，这位兄弟天生叛逆，老爸明明给他规划好了未来的安逸生活，他却喜欢惊险刺激，拒绝"饭来张口，衣来伸手"的日子，给老爸留下一句"世界那么大，我想去看看"后，就踏上航船，开始四处漂泊。

儿大不由爷。老爸没辙，只得求神拜上帝，保佑儿子一路平安。海神波塞冬是个暴脾气，见鲁滨孙太叛逆，还在自己的地盘上瞎折腾，他生气了，一声怒吼，海面上顿时狂风巨浪，鲁滨孙的船在前往南美洲途中，桅杆被风折断，航船被掀了个底朝天，随行人员全去了波塞冬那里报到，只有鲁滨孙一人被海浪冲到一个杂草丛生的海岛上。

一人一岛，与世隔绝，毫无乐趣可言。此时鲁滨孙才真正体会到什么叫"不听老人言，吃亏在眼前"。然而，一切都晚了。在当时的状态下，他面临的最大恐惧不是生存问题，而是孤独带来的精神压力。

你不珍惜孤独，孤独就会反过来虐你，鲁滨孙亦是如此，被流放在孤岛上整整二十八年。二十八年里，他边建造房屋、种植粮食，边对抗孤独。寂寞时，翻阅手中唯一的一本书，鲁滨孙渐渐明白孤独并不可怕，可怕的是对生活失去兴趣。为了避免语言退化，他对树木、石头、螃蟹侃侃而谈，还抓来一只鹦鹉教它说话，他听到了"人"的声音。第二十四个年头，岛上闯入一群野人，通过暗中观察，鲁滨孙发现他们准备杀掉黑人俘虏做成人肉宴。他趁野人举行仪式时，成功解救出这名俘虏，并给他取名为"星期五"。经过种种努力，岛上有吃的、有喝的，还有陪他说话的，鲁滨孙不再孤独，真正成为世外桃源的主人。

鲁滨孙能成功克服孤独，除自身勇气的支撑，同样遵循"怕什么，见什么"的原则。事实上，在那种特殊环境中，他没得选择，只得硬着头皮去面对。也正是这种"逼上梁山"的方式成就了他。

"怕什么，见什么"也适用于我们的日常生活，害怕独处就强制自己独处，当孤独袭来时，不要克制自己，应当不断适应那种不舒适的情绪，直至孤独爆发后，这种恐惧就会逐渐消退。

比如，想去逛街，克制拉上朋友的冲动，强制自己一个人去。练习一个人去旅游，看到景区中别人都在成群结队地游览，不要想着自己是个没有朋友、性格孤僻，甚至被抛弃的人，要主动请别人帮自己拍照，享受一个人旅行的过程，将精力集中在那些优美的景色上。

另外，独自一人时可以试着与陌生人交流，比如在公交车上给老弱病残者让座位；陌生人问路时，热情地给他们指引；公园里遇到不认识的人，主动与之攀谈，等等。做这些小事的目的是告诉自己：即使我一个人生活，我的生活仍然有意义，独处并不一定意味着孤独。

03

徐瑾生在农村，长在乡下，大学毕业后，他不留恋都市的繁华生活，返回原籍，支援家乡建设。小城商业并不发达，经过多方努力，他总算找到与专业沾边儿的工作，单位在城市边缘的山沟里。

年轻是资本，苦点累点没什么。徐瑾没在公司附近租房子，每天骑电瓶车一个多小时，往返于家与单位之间，还能节省一笔额外开支。

单位经常加班，领导见他踏实本分，一时慈悲上头，专门给他腾出一间房做临时宿舍，徐瑾领情，但没有入住。一连三天加班，他三次上班迟到，领导有些不悦，还说了一些公司效益不好，能正常发工资已经很不容易，希望员工对得起公司等话语。领导的善意提醒，徐瑾心知肚明，加班晚了，他不得不住在公司。别看他阳光壮实，其实胆子很小，害怕独处。

第一次独处一室，他度过了一个惊心动魄的夜晚。关上灯，四周静得能听到"怦怦"的心跳声，黑暗中，孤独如同无数双大手，随时要把他从床上拎下来扔到室外。他屏住呼吸，用被褥紧紧捂住头，不敢睁眼，不敢倾听。偶有夜风吹过树梢，发出沙沙声，吓得他毛骨悚然。突然，窗外传来恐怖的叫声，接着窗边出现响动。其实他知道恐怖的叫声是猫头鹰所为，窗边出现的响动是树枝碰触发出的。尽管如此，他的心理防线还是彻底崩溃，"腾"的一下，他翻身坐起，把灯点亮，擦去额头的细汗，匆忙穿好衣服，疾步而行，与门卫一起熬到天明。

如果不能彻底战胜孤独，工作不保是小事，可能终身都会挣扎在孤独的深渊里。"我是顶天立地的男人，这点心理障碍能把我击垮吗？"现在正好能与它正面交战，徐瑾暗下决心，还抽空去书店买来心理方面的相关书籍，试图从书中获得积极对抗孤独的方式。

第二个夜晚，关灯后，黑暗中那种可怕的感觉照例在他的心里出现，不过他知道那是来自室外的响动，对心理的影响有所减弱。这一晚，辗转反侧无法入眠，他干脆打开电灯，与灯泡默默对视到天明。第三个夜晚，恐惧感比前一晚稍稍减轻；第四个夜晚，紧张情绪又放松了一些……第五个夜晚、第六个夜晚……渐渐地，徐瑾不再害怕由孤独带来的恐惧，敢一人一觉睡到天明。他战胜了孤独，迎来了心理上的春天。

现在，当同事们拖着疲惫的身体，急匆匆地离开工作岗位，消失在夜幕中后，徐瑾回到临时宿舍，简单弄些吃的，选一首喜欢的曲子，让音乐在耳边低低回旋，然后开始做没完成的工作或其他事情。没别人打扰，没电话聒噪，和着美妙的音乐，丝毫感觉不到夜的漫长与心灵的孤寂。累了，他就伸伸懒腰，再走到室外，偌大的单位，成为他一个人的天地。抬头，星星点点，夜空深邃，风吹过脸颊，柔柔嫩嫩又亲切自然。困了，返回室内，倒头便睡，梦中与爱过夜生活的小生灵们约会。

他喜欢上了这种独处方式，把孤独的生活过得充满诗意。

在孤独中重生

01

1801 年秋天的一个夜晚，月上柳梢头，贝多芬独自在维也纳郊外散步。走着走着，风似乎断断续续地带来琴声，努力辨别，他听出的确是琴声，而且是自己的曲子。此时，贝多芬的耳疾已经非常严重。

他顺着琴声走了过去，来到一间低矮的茅屋前。正当他抬手准备敲门时，琴声终止，传来女孩说话的声音："哥哥，这首曲子太难弹了，我只听别人弹过几遍，总记不住要领，要是能听到贝多芬亲自弹奏，该多么幸福啊！"

屋内短暂沉默后，传来男子的叹气声："是啊，音乐会的入场券太贵了，咱们太穷，都怪哥哥无能。"

妹妹说："哥哥，别难过，我随便说说而已，你别放在心上。"

贝多芬听后，顾不得多想，轻轻推门而入。屋内点着一支蜡烛，微弱的灯光下，男子正在做皮鞋，窗前摆着一架旧钢琴，钢琴前坐着一位面目清秀、双目失明的姑娘，看起来十六七岁的样子。陌生人的闯入，让鞋匠哥哥愣了一下，他站起身子，礼貌地问："先生，您找谁？走错门了吧？"

贝多芬说："没走错。我来给姑娘弹奏一曲。"

女孩摸索着给贝多芬让座，贝多芬坐在钢琴前，弹起她刚才弹的那首曲子。随着悠扬的琴声，女孩的脸上荡漾着幸福，当最后一个音符从贝多芬的指尖飞出，她激动地说："感情真挚，指法娴熟，这是我听过的最完美的演奏，简直出神入化。您……您不会是贝多芬本人吧！"

贝多芬没有回答，说："我再给你弹奏一首吧。"

不巧，一阵夜风穿窗而入，蜡烛熄灭了，月光涌了进来，整个茅屋像铺了一层银纱，显得分外清幽。

贝多芬的指尖在钢琴上翩翩起舞，兄妹俩听着听着，好像看到微波粼粼的海面上洒满了月光。突然，大海不再平静，在月光的照耀下，银白色浪花一个接着一个向岸边涌来……

兄妹俩陶醉在无与伦比的琴声中，等他们回过神来，贝多芬早已离开。回到旅店，贝多芬第一时间把刚才弹奏的曲调记录下来。举世闻名的《月光曲》由此诞生，原名《升 C 小调第十四号钢琴奏鸣曲》。

贝多芬是一个音乐天才，也是一位世间罕见的英雄，他创作出一首又一首经典乐曲，被人称为"扼住命运咽喉的人"。

在这里我没有必要详细述说贝多芬的悲惨命运，更不想用疾病来概括贝多芬的孤独人生，只想通过疾病突出孤独对于他的意义，因为这一因素在贝多芬的创作中起到了重要作用。

1770 年贝多芬出生于德国波恩，父亲在宫廷当乐师，嗜好酗酒；母亲是宫廷御厨的女儿，体弱多病。酗酒归酗酒，父亲没有忘记对儿子的教育，希望把他培养成莫扎特式的神童。贝多芬四岁时被父亲逼着学习钢琴、小提琴，期间母亲死于肺病，在贝多芬幼小的心灵中埋下一颗恐惧的种子，总担心自己也患上同样的疾病，为此他常常在孤独中忍受痛苦与忧郁的煎熬，十五岁时他便知道"死"的意义了，用他的话说，"不知道'死'的人是世上的可怜虫"。

凭着天赋、才华和毅力，少年时他已在音乐的殿堂里崭露头角，然而疾病也接踵而至，1796—1800 年间，他的耳朵日夜作响，这一可怕症状，预示着他将要失去听力。贝多芬不敢告诉家人，对亲密的朋友也只字不提。总这样藏着掖着也不是办法，他开始坦然面对，积极寻找治疗方法，但效果一直不尽如人意。他失望了，变得孤独起来，不再参加社交活动。因耳病困扰，他变得性情暴躁，动不动就发脾气，未婚妻丹兰士·特·勃伦斯维克无法忍受，含泪离他而去。随着病情加重，耳朵完全失去听力，他的世界从此变得悄无声息。自 1815 年秋天，贝多芬开始用笔与人交谈，1816 年他在笔记中写道："我没有朋友，孤零零地生活在这个世界上。"

且不说贝多芬还患有肺病、关节炎、黄热病、结膜炎等疾病，仅耳聋一病，对于靠听觉判断乐曲优劣的音乐家而言，等于被判了死刑，不能再从事音乐创作。然而，贝多芬在寂静、孤独的世界里，颠覆了我们的认知，如同罗曼·罗兰在《贝多芬传》里描绘的那样，他完全"隐匿在自己的世界里，过着与人隔绝的生活，用超越常人的毅力获取心灵的安慰"。

自听力出现障碍到完全听不到外界声音，贝多芬为人类奉献出许多经典乐章，包括《升 C 小调第十四号钢琴奏鸣曲》、第一至第九交响曲、第一至第五钢琴协奏曲、第一至第十六弦乐四重奏等。如果贝多芬因听力障碍放弃音乐，人们可能会扼腕叹息一位音乐天才的中途凋落，但贝多芬没有给人留下叹息的机会，他在孤独中与命运抗争，与疾病抗争，在世界乐坛上创造了奇迹。这就是伟大人格的魅力，他与外界形成了对立关系，因为孤独，他的内心芬芳四溢。

02

越王勾践的故事我们耳熟能详。勾践兵败亡国，去吴国做仆人，从高高在上的君主一下子坠入尘埃里，心理落差可想而知。如果对历史上的孤独者进行排名，勾践准能榜上有名，进入前十。在做奴仆的日子里，他以"东海贱臣"的身份舐尝夫差拉出的粪便，正是这个举动，让一脚踏入鬼门关的勾践重新获得新生。离开吴国那天，夫差为他送行，勾践真是一个好"演员"，他泪流满面、依依不舍，演得惟妙惟肖。此情此景此状，把夫差感动得心里颇不是滋味，好似自己愧对他的大恩大德一样。

回到越国，勾践将孤独继续到底，下令把都城迁到会稽，吃饭时从未吃过荤菜，也从不穿有颜色的衣服，夜晚不住官殿，睡在铺着柴草的简陋房子里。他的床头悬了一颗苦胆，每天睡醒后、吃饭前，他总会舔一舔，提醒自己之前受到的耻辱，这就是典故"卧薪尝胆"的由来。在经历过孤独寂寞的长久煎熬后，勾践终于东山再起，一举打败吴国。

苏秦，字季子，洛阳人，据说他年轻时拜鬼谷子为师，学成后穿梭于诸侯国之间，本想谋得一官半职，光宗耀祖。然而数年之中，他到处碰壁，没能得到赏识，只好蓬头垢面地回到家中。常说家是温馨的港湾，苏秦在外漂泊多年，本想得到亲情的呵护，不料迎来的却是家人的耻笑。

在外被人瞧不起也就算了，回到家里亲人不给好脸色，让苏秦很受刺激。可以想象，当时他的内心是何等的孤独，但苏秦没有从此沉沦下去，他忍受孤独，发愤苦读，梦想终于照亮现实。

无论是受辱帝王、失意文人还是寒门学子，都不愿碌碌无为，枉度此生，他们都知道怎样化解孤独，从而成为专业领域内的佼佼者。孤独对于他们而言，犹如发动机的助燃剂，让他们爆发出超强动力，牵引机车冲破重重阻力与障碍。假如不拿出武松醉酒过景阳冈的勇气，孤独就是挡在你面前的一头猛虎，会将你的美好前程撕得粉碎。

不在沉默中爆发，就在沉默中灭亡。孤独同样如此，不在孤独中爆发，就在孤独中销声匿迹。如果你满腔负面情绪，看到的就全是消沉、灰暗、迷惘，毫无一丝生机；如果你周身充满正能量，你看到的将是另一番景象，它是一幅五彩斑斓的画卷，孤独不过是一种颜料，为画卷增添一抹别样的色彩。

形象地说，人生是一本日记，每天详细记录自己与外界之间发生的事，孤独是字里行间加粗的笔记，昭示人格的尊严、美好的品质和稳重的风范。能理性看待所面临的处境，你便走向重生。孤独不可怕，哪里有孤独，哪里就有勇敢的人；哪里有勇敢的人，哪里就有披荆斩棘的脚印。与其观望或犹豫不定，不如顶风冒雨奋勇前行，当闪电撕开头顶的乌云，你就是热血沸腾的前行者。

不敷衍自己的心声

01

我曾在一家文化公司上班，因业务需求，老板招了一位刚毕业的女生，名叫韦懿。韦懿活泼开朗，每天都提前到公司，把同事们的桌子擦得干干净净，与人说话时，总把"老师好！"作为前缀。

一天午餐后，大家三五成群地向公司走，我落在后面，韦懿放慢脚步，等我走过来，同样先说声"老师好！"我回复："你好！"

边走边聊，她问了我几个业务上的问题，我结合工作经验，给她解答。快到公司楼下时，韦懿停下脚步，我说："你要是还有其他事情，时间还够，抓紧去办吧。"

她迟疑一下，说："老师，您觉得我有什么缺点，或者说我哪里做得不好？"

我一愣，笑了，反问："为什么突然问我这个问题？"

她显得有些犹豫，说："我来公司快一个月了，觉得您不怎么搭理我。如果我哪里做得不到位或者做错了，您是前辈，您尽管说，以后在工作中我及时改正。"

说心里话，韦懿执行力强，做事干脆利索，挑不出毛病，偶尔的小瑕疵，属于新人的正常现象。她的话，我完全明白，原来这姑娘是心思细腻、过于敏感，太在意别人的看法了。注意到我平时不怎么与她交流，以为我对她有意见。

我马上做出解释，帮她消除了顾虑。韦懿确信我句句属实，满怀感激，"谢谢老师！"说完还向我鞠了一躬，快乐得如同燕子般"飞"入公司。

害怕孤独的人总以"其他人怎么想"作为为人处世的出发点。别人的一个眼神，就会让害怕孤独者的心里生出无数个疑问："他是不是在取笑我？他是不是对我有意见？他是不是觉得我能力不行？"别人的一句话，会让害怕孤独者在心里反复演绎，"他话里有话？这是在说我吗？他为什么针对我？"相信大多数人都不会像韦懿那样，有了想法就直接询问，而是任由种种猜测在心里发酵。

太敏感、太在乎别人的看法，就会让自己在很多时候想做的事不敢做，想说的话不敢说，他们很讨厌那个不能获得周围人认同的自己，总是想方设法让自己闪闪发光。

过于在意别人的看法，把别人的感受放在首位，是对自己的不公平。我们所在意的人，有几个会终身陪伴自己左右？其中许多人将在三五年内淡出我们的视线，从此再无交集，重视他们的感受甚于对自己的重视，于情于理都对自己不公。自我认知是最真实、最全面的，别人眼中的"我"具有局限性和片面性，通过别人的眼睛认识、评价自己，得到的只会是曲解。好比一块石头，在建造师眼里，它是盖房打地基的材料；在园林师眼里，它可以用来做假山；在雕刻师眼里，它能被打磨雕刻成一尊狮子像。角度不同，看法就有差异，石头的价值也有所区别。所以，自己主宰自己，才能展现出真风采，否则会活得很累。

我曾有过把他人的看法奉为行动指南的经历，希望自己看起来很有能力，不被别人当成傻瓜，于是装出很有实力的样子。过度逞强，让我身心疲惫，甚至讨厌自己，因为总担心自己的真实实力被人看穿，让人失望，我一度陷入不安与重压之中。

现在我把一切都看开了，不再虚荣，不隐瞒实情，自己是什么样子，就原汁原味地展现出来。

比如穿衣，我以前追求品牌，借钱也要置办高档行头。现在不同了，牛仔裤、夹克衫，我经常一套衣服不超过两百元。朋友问我，为何总是同样的打扮，我告诉对方，怎么舒服就怎么穿。当别人说我讲话有点刻薄时，我回答"刻薄一点儿更能深入人心"；当别人说我："你这种想法是不是太以自我为中心了？"我回答："是的，我不想委屈自己的内心。"我总是这样直截了当地说出自己的心声，并没有因此发生什么让我烦恼的事情。

02

　　心理学中，"标签效应"讲的是当一个人被某种词语贴上标签时，标签会影响他的思维方式和行为方式。为了证明标签效应的正确性，美国心理学家曾在一批不听指挥、思想消极、纪律散漫的新兵中做了一个试验。试验中，心理学家告诉新兵，每月给家中写一封信，告诉亲人自己在部队中如何遵守纪律、如何听从指挥及立功受奖等情况。一段时间后，他们逐渐改掉了入伍时的不良行为，变成如信里所形容的那样。

　　试验证明，他人的看法与评价能直接影响人的心理活动，进而影响一个人的行为表现。如果评价或看法是积极、客观的，我们则会受到好的影响；如果评价或看法是消极的，我们则会受到负面影响，成为别人眼中的自己，而不是真正的自己。

　　许多人背负着别人贴在自己身上的无形标签，日复一日，年复一年，过着提线木偶般的生活。可能某天，突然照镜子，想看看自己的样子，却惊讶地发现，镜中的人还是自己吗？如果一个人开始产生这样的想法，就已经陷入孤独、迷茫之中。潜意识中，他也许会挣扎，做回真实的自己，但想到他人的看法，他心理上产生妥协，再次带上标签，努力演好被他人定义的"角色"。这样的人，做任何事或说任何话前都会想：这样做或这样说，他们会如何看待我？这样做或这样说，能赢得他们的好感吗？这样做或这样说，能博得老板的赞赏吗？如此种种。这样做或这样说，可能会升职、加薪，得到赏识，若有一天拥有很多他人所羡慕的东西，同时会发现自己的心早已空了，物质、名誉根本不是自己通过这种方式想要获得的，孤独感也就弥漫上来。那时，这样的人，外表看似光彩照人，内心除了孤独还是孤独，因为他已失去真实的自己。

钟盛学建筑设计，希望将来能成为一名优秀的设计师。大学毕业后，他去了一家建筑公司，人事部安排他先跑业务，说是综合锻炼，等各个环节都熟悉了，再从事设计。锻炼锻炼，无可厚非，钟盛没有多想，也就接受了。他每天按时上下班，业务上尽心尽力，即便有事也不请假。每月开总结会时，老板总不忘夸奖他一番，说他有开展业务的潜质，鼓励他多在这方面努力，多向前辈学习。钟盛挺高兴，时间一长，成了业务能手。

一次，大学同学通知他，报名参加建筑师资格考试，钟盛认为自己目前正在参评优秀员工，就放弃了考建筑师资格证的机会。钟盛的设计能力很强，在校期间曾多次获奖。然而经过一年的业务历练，他变得沉不住气，坐不下来，没心思设计了。两年后，同学们大多成为设计骨干，而他每天还在忙不迭地跑业务。突然有一天，他发现自己陷入了职业误区，一直在按照老板的鼓励与建议进行发展，丝毫没考虑自己的兴趣与优点。他变了，变得消沉、孤独起来，在开会时不愿多说话，拓展业务时也没了先前的激情。他想摆脱眼下的状况，却始终没有勇气。

钟盛这种情况在社会上普遍存在。当一个人被冠以某个称谓时，自我在潜意识中就会把自己当成这样的人。一旦"标签"化，言行举止就会受限于狭小圈子之中。换言之，贴上标签，通常会错误地估计自己，与真实的自己背道而驰。例如，某家长激将孩子学习时常说："这么简单的题，傻瓜都知道答案，你怎么这么笨呢？"长此以往，孩子将产生"自己真的很笨"的念头。

过分在意他人的评价与看法，努力去变成别人眼中的模样，按照别人制定的路线走下去，只会让一个人在孤独中距离初心越来越远。客观认识自己，摆脱标签带来的负面影响，才能真正发挥自己的能量。说人生苦短，有点悲观，但事实的确如此。不被外在因素干扰，活得"自私"点，是对自己负责，因为你不欠任何人的。

6

格调：一个人的丰富多彩

一个人时，没有牵绊，没有约束，没有顾忌，自由自在，可以变着花样享受独处时光。当然，这是一种理想状态，事实上，很多人无法独自面对孤独，总在无聊中反复徘徊，这时你需要一种亲切的关怀，来安慰处于孤独中的自己。

在阅读中找寻心灵安慰

01

奥地利作家斯蒂芬·茨威格擅长通过下意识活动来表现人物命运，代表作有《一个陌生女人的来信》《心灵的焦灼》《昨日的世界》《象棋的故事》等。"下意识"是心理学俗语，是指超出知觉意识的心理活动与心理过程。一般认为，下意识等同于无意识，弗洛伊德指出，下意识与无意识有所区别，下意识是人不自觉行为的趋向，无意识是一种生存需求，例如遗忘过去发生的事情。

《象棋的故事》是茨威格一生中献给我们的最后一篇杰作，深层次揭露了纳粹对囚犯心灵的摧残与折磨。

故事发生在"二战"期间，维也纳人 B 博士被盖世太保抓了起来，他没有像其他囚犯一样被关入集中营。盖世太保破例把他带入一家旅馆，安排在一个单间内。房间陈设简单，一张床、一把沙发椅、一个脸盆，还有一个安装有栅栏的窗户。

与关押在人间地狱里的无辜者所处的环境相比，这里简直就是天堂。面对优厚待遇，B博士很纳闷，很快他就发现，这里无论白天黑夜，门都始终关着，桌上干干净净，甭说可供消遣的书籍报刊，连写反省书的纸张笔墨都没有；房间内静得可怕，除了他自己，看不到一个人影，听不到一点儿人为的声音。

起初，B博士并未在意，他做好了思想准备，静待纳粹提审。然而后续发展超乎他的想象，他像被遗忘在世界的角落里，孤孤单单地听着自己的心跳和呼吸声。空虚，空虚，还是空虚，他感觉整个身体像被掏空一样。在空虚中熬过十四天，B博士开始心烦意乱，惶惶不可终日，他渴望死寂的生活能出现变化，哪怕一点儿轻微的变化都是天大的恩赐。

煎熬中，他等待、盼望、祈求，等来的却是孤独、孤独，一成不变的孤独。他渴望被提审，即便遭遇严刑拷打，也比困在单间里整天无所事事要充实。他的意识开始出现模糊，这是危险的兆头，B博士通过背诵过去看过的读物进行对抗，可精神始终无法集中。

就这样，B博士熬过四个月后，再也无法控制自己，在屋内大喊大叫："带我出去，我都交代。你们问什么我说什么。文件在哪儿，钱存放在哪个地方，我都告诉你们。"

他被带出房间，进入另一间屋子，一小时、两小时、三小时过去了，纳粹党人没有审问他，有意让他的精神在焦躁中进一步崩溃。漫长的等待过程，给他的生命和意志带来了转机。

房间内空空荡荡，靠墙角的衣架上挂着一件大衣，B博士下意识地将手伸进口袋，里面装有一本书，他以最快的速度将书顺走了。回到单间后，B博士难掩激动，从怀里掏出这本书，发现原来是一本象棋棋谱，里面记录有一百五十盘棋局。他失望至极，如同高空坠物般把先前的全部惊喜砸得粉碎。立即毁掉它？下意识不允许他这样做，毕竟是本书，有总比什么都没有强。B博士静下心，开始阅读、研究棋谱，与自己下棋。

　　与自己下棋，在逻辑上是荒谬的。特殊情况下，B博士别无他选，只得将荒唐进行到底，而一旦真正进入自我对弈的状态中，脑细胞高速运转，精力高度集中，也就不会感觉到孤独、寂寞、空虚了。

　　B博士面对的孤独，是人为造成的，属于强制型，对人的心理与生理伤害远远大于自然状态下形成的孤独所带来的痛苦。心理学上，有一个定律叫"跨栏定律"。顾名思义，跨过面前的栏杆，就会达到一个新高度。摆在B博士面前的栏杆，是纳粹想利用孤独摧毁他的意志，从而达到某一目的。B博士倘若不能跨过这道栏杆，他将沦为纳粹的工具。正是这本枯燥无味的书，在关键时刻发挥作用，拯救了B博士。

　　无论何时何地，处在何种环境中，读书都可以排遣孤独，是社会基本共识，是广为大家所接受的真理。既然是排遣孤独的方式，读着读着，免不了上瘾，养成读书的习惯，也就无所谓孤独了，对此我深有感触。至于"书中自有黄金屋，书中自有颜如玉"，那是另外一回事，读书至少对每一位孤独的个体有益无害。

02

本人心理脆弱，一直缺乏安全感，孤独寸步不离，即便置身于喧闹的群体中，也总觉得孤零零的，与人声鼎沸的环境格格不入。尤其是在睡觉时，孤独感越发强烈，折磨得我苦不堪言。问遍周围朋友，多方寻找偏方，均为无效努力。睡不着，也不能白白躺着，既受罪又浪费时间，我翻身坐起，在灯下看书，不知何时，竟然酣然入睡。

此后，看书成了我的睡前习惯。《泰戈尔散文诗全集》一直是我的枕边保留书目，时至今日，不知翻阅过多少遍，书页已经发黄，边角堆起层层"皱纹"。

第一次遇见《泰戈尔散文诗全集》时，我还在读高中。那时阅读，没考虑太多，只觉得自己仿佛在大师营造的意境中散步，比数理化要赏心悦目千万倍，以至于班主任拿着教鞭，板着面孔，站在我面前数分钟，我竟全然不知。同桌见我如此痴迷，又不敢直接提醒，只得用他的左膝盖猛碰我的右膝盖，我这才猛然抬头，吓出一身冷汗。书自然是被班主任没收了，即便如此，我非但不幡然悔悟，反而又买回一本，继续偷着读。如此这般，整个高中阶段，老师从我的课桌抽屉里没收走三本《泰戈尔散文诗全集》。

毕业后，班主任捧出三本厚厚的《泰戈尔散文诗全集》，语重心长地说："泰戈尔是世界文坛的一颗巨星，希望你在今后的阅读过程中，能领悟作家的人生真谛，这将对你有很大帮助。"带着班主任的殷切希望，我步入了大学校园。较之高中，大学生活非常宽松，图书馆内的藏书，一排排、一架架，不计其数，我却独爱《泰戈尔散文诗全集》，辅之其他相关书籍，对泰戈尔的认知开始由表及里，逐渐深入。

参加工作后，少了象牙塔中的闲情与雅致，社会如手术刀般一层层剥去了我的年少时光，也赋予了我冷静、沉着与独立思考的习惯。继续读《泰戈尔散文诗全集》，又有了更清醒的认识。他优美的语句之下潜藏着对黑暗社会的不满，对种族歧视的忧虑，对社会底层人民的同情。当时印度歧视黑皮肤的人，他曾这样描写一位黑皮肤的姑娘："她是黑的天使、美的化身，就像带来阵雨的乌云，浇灭人们心头的燠热；就像森林中树叶投下的阴影，洒一地清幽……"通过大师手笔，印度人改变了对人肤色的看法。《新月集·家庭》中写道："我独自在横跨过田地的路上走着，夕阳像一个守财奴似的正藏起它最后的金子……"仅从字面理解，这句话属于动作和环境描写，联系到社会现状，又别有一番滋味。《黑牛集·称呼》中当诗人看到妻子在忙于梳妆打扮时，突然觉得妻子焕然一新，那层熟悉的薄纱被揭去后，展现在眼前的是一片牧歌式的爱情。读着读着，我有所顿悟，大师不仅是浪漫主义者，还是一个崇尚古风的人，这是新发现！

毫不夸张地说，泰戈尔是我的心灵导师，让我从文字中汲取了大师的高贵品质以及正义、良知和博爱。夜已深，眼皮实在无法支撑下去。放下书，我舒服地睡去，不知过了多久，一位须发皆白、面带微笑的老者，没有掌声和荆冠，边走边吟咏《吉檀迦利》中的"无月的夜半，朦胧之中，我问她，姑娘你为什么把灯抱在怀中……"他就是泰戈尔，目光里充满睿智，出现在我的梦中。

03

我睡前为了转移注意力，反复读一本书，属于个人喜好。具体到个体上，当孤独降临时，可以根据自己平时的兴趣，选择不同的书籍进行阅读。

莎士比亚说："生活里缺少书籍，就好像大地没有阳光；智慧里缺少书籍，就好像鸟儿缺少翅膀。"通过与容易产生孤独的人接触，我发现他们不怎么读书，独处时往往看电视、刷手机、玩游戏，或与某人长时间通电话。

这种方式好比饮鸩止渴，表面上对缓解孤独有所帮助，停下来后，很快又会陷入孤独之中，而阅读书籍则不同，可以对心灵起到安慰的作用，从中获取能量及养分，帮助我们提升心理素质，从容对应孤独，还能强化我们的社会竞争力。

我认识一个珠宝商，他曾是孤独的受害者，整天受孤独困扰，无心打理生意，店铺几乎到了关门的地步。后来，他通过阅读进行自我调整，生意也渐渐扭亏为盈。如今，他的珠宝生意做得风生水起。闲暇时，这位珠宝商几乎不参加任何社交活动，而是把自己关在房间内读书。他看书的样子，像欣赏名贵珠宝一样专注认真。

我问他，作为商人应该把更多精力投入货源与客户上，你为什么反其道而行之，静下心来阅读书籍。珠宝商告诉我，就算把每天二十四小时全部用在应酬上，也丝毫不能缓解孤独感，而把心思放在阅读上后，整个世界都安静了。通过阅读，他感到内心有了依靠，增强了他对市场的判断力和敏感度。所以，没有必要把时间浪费在各种社交场合中。

　　珠宝商爱上读书，可谓一箭双雕，既排遣了孤独又获得了利润。的确，爱读书，一个人独处时就不会孤独；爱读书，每一次的孤独都能为成长提供养分。显而易见，阅读是告别孤独的理想途径，也是迈向高尚的通行证。

一个人的宠爱

01

　　童瑶一直行走在自由职业的大军行列，长期与外界缺乏有效沟通，尤其是与异性之间的交往，几乎空白。一个人过有一个人的乐趣，两个人一起生活有两个人的烦恼；单就单着，没什么大不了。心里揣着这种想法，对恋爱的渴望也就可有可无了。未曾想，一年又一年，童瑶成了大龄未婚女青年，与姐妹合租一间三居室，日子过得相当充实快乐。长期租房，免不了产生寄人篱下的惆怅，于是童瑶按揭买下属于自己的家，租客翻身做房奴，拿到钥匙的那一刻，她抑制不住内心的激动，任泪水在脸上幸福地流淌。

　　房屋面积不大，但是再也不用看房东的脸色了。窗明几净、光线充足，新家新气象，一切都散发着新鲜的气息。可是，新鲜劲儿还没持续半个月，童瑶的兴奋感就烟消云散，一个人吃饭，一个人发呆，一个人出门再一个人回家，除了电视的声音外，再没有任何声响，独自坐拥空房的滋味让童瑶产生不安。打电话向朋友述说独处的种种不便，朋友竟醋意大发，抨击她身在福中不知福。挖苦之余，朋友帮她出主意想办法，无意间提到同事家的狗在两个月前下了一窝小狗，正准备把狗崽送人。

说者无心，听者有意。有小狗做伴，也是不错的选择。童瑶经朋友引荐，带了些礼物，从朋友的同事那里抱回一只活泼好动的小狗崽。添丁进口，总得给小狗取个名字吧，走大众路线太俗气，不能体现小家庭的独特性。晚饭后，童瑶坐在沙发上，打开笔记本电脑，为小狗崽搜寻合适的名字。网页翻了一页又一页，却没有一个让她满意。侧目看小家伙，它蜷缩在童瑶身边，因为陌生与孤单，水汪汪的眼睛里有一缕恐惧和不安。童瑶将笔记本电脑放在一边，伸手抱起它，小家伙有些抗拒，但最终还是屈从于她的爱抚。

叫什么名字呢？童瑶陷入沉思。小家伙可能感受到了友善，不再紧张，张开嘴，舔她的手背。小舌头软软绵绵，童瑶舒服极了，这时电视剧里的女主角叫出"老公"二字。小家伙掉头对着电视"汪汪"两声，再扭头向童瑶露出调皮的表情。

千般想万般琢磨，不如天赐机缘，童瑶豁然开朗，决定就叫它"老公"。她为自己天才般的发现笑得前仰后翻，小家伙也因有了名字而乐得在她身边撒起了欢儿。

"老公"初来乍到，未沾染童瑶家的气息前，身上或多或少有些异样味道，第二天午后，童瑶买来崭新的澡盆，把水兑到温热适中，要给"老公"洗澡。小家伙四爪刚触到盆底，就弹簧般腾地从水中跃起，结结实实地摔在卫生间的地板上，嘴里"呜呜"叫个不停，向童瑶发出强烈抗议。

不洗澡绝对不行，童瑶横下心，"老公"失去反抗能力，与水有了第一次亲密接触。小狗第二次洗澡依然是在"绑架"下完成的，第三次洗澡时"老公"有了些觉悟，感觉水中藏着一片温暖的世界，比沙发和掌心还要舒服。渐渐地，"老公"洗澡成了一种习惯，没有特殊情况，十来天洗一次澡。

饮食方面，童瑶对它毫不吝啬，从市场上买回适合它这个年龄段的营养搭配最均衡的高级狗粮。"老公"第一次仅象征性地吃了几小口，她并未在意，第二天、第三天，越食越少，先前油光鲜亮的皮毛暗淡不少，还整天像丢魂儿般无精打采。童瑶坐不住了，把"老公"抱到宠物医院进行全面检查，除营养不良外，其他生理指标均正常。医生爱莫能助，建议她抱回去再观察观察。

人家好心免费相送，万一小狗夭折在自己手中，不仅对不起小狗的主人，自己良心上也过意不去。看看地上喂食盘内的狗粮和身边一脸蔫相的"老公"，童瑶没了胃口，夹起一片烤肠，试探性地送到它面前。"老公"嗅了嗅，突然振作精神，站起来，把烤肠从筷子间夺走。

"老公"钟爱烤肠，简直是天大的发现，童瑶放下饭碗，把盘里的烤肠全部挑了出来。那一顿，"老公"如遇世间美味珍馐，肚皮撑得如同一个小圆球。

童瑶平日里喜好吃烤肠，小家伙也爱这口，真应了那句"不是一家人，不进一家门"。此后，她对自己实行计划经济，宁可自己不吃，也要把烤肠优先供应给"老公"。

解决好卫生和饮食问题，在童瑶的精心呵护下，"老公"茁壮成长。工作之余，童瑶给它精心梳妆，玩起了摆拍。照片中"老公"前爪扶于键盘，鼻梁上架着眼睛，胸前打着领结，好一副"人模狗样"。童瑶将这张照片上传到朋友圈，引发了议论。有人说照片中的小狗像个学者，马上又有人提出异议："哪个学者不是挺直了脊梁？瞧它那副做派，即便是，也是个假学究。"有人说小狗像富家阔少，仔细端详，还真是那么回事儿……大家你一言我一语，童瑶最有发言权，她认为"老公"要是把肚子挺起来，更像是做报告的领导。

"老公"是好"老公"，有它陪伴，童瑶再也没有感到孤独，不过甜蜜的烦恼也接二连三产生。"老公"好动，整天闲不住，不是趁她不注意把刚打印出来的文件撕得粉碎，就是拖着她的鞋子，满屋子里玩躲猫猫的游戏。最可气的是，"老公"为了证明自己的咬合力，将沙发一角撕了个大窟窿。童瑶脸色大变，"老公"知道自己闯了祸，像犯了错的孩子般趴伏在她脚前，乞求原谅。童瑶高高举起的巴掌，只得轻轻落下，嘴里还不停地说："冲动是魔鬼，不生气不生气。"

朋友来看她，"老公"很有礼貌，向对方打招呼，朋友惊呼："这名字太感性了，只需一声就能震撼我的灵魂。"童瑶笑而不语。

02

以前麦琪笑称母亲是"植物克星"，仙人球养着养着就养成了空心的，蟹爪兰耷拉成一圈残花败叶，君子兰只长叶不开花，栀子花的花骨朵一夜之间落满花盆，而吊兰却像打了激素似的疯狂生长，大有霸占阳台之势，母亲忍痛割爱，拿出剪刀把它剪成了"秃尾巴鸡"。阳台还是那个阳台，花花草草却不停地更换，丝毫看不出欣欣向荣之意。母亲心态好，从春天忙活到冬天，年终总结时，把自己的败绩归咎于它们没有享福的命，来年再接再厉，争取让它们享受到来自小家庭的温暖。

因工作需要，麦琪去了另一个城市，孤独在所难免，尤其是回到住处后一个人独处，才真正体会到什么叫"空虚、寂寞、冷"。她在电话里向母亲诉苦，母亲用肯定的语气做出指示，让她通过养花种草打发无聊时间。

"像你一样把它们买回来受苦受难，这不是活活折磨它们吗？"麦琪否定了母亲的建议后又认真思量，认为这个建议还是可取的，养一些花草不仅能转移注意力，还能净化空气、愉悦心情，不过母亲的失败案例要引以为戒。

麦琪先从年轻人喜爱的多肉植物入手，从花草市场买回来后，不敢怠慢，在网上检索该植物的生长习性，一通学习，严格遵守高手们的建议，还建档立卡，记录植物每一天的变化。功夫不负有心人，这盆多肉长势喜人，她的热情一发不可收，后来又买回几盆。随着对该品种的了解，麦琪发现小植物有大学问，它们可谓派系林立，名字也甚为多样，如"清丽派"有雨月、青露、冉空、紫晃星、香宝绿、日轮玉；"妩媚派"有星美人、白雪姬、断崖女王、西巴女王之玉栉、香叶洋紫苏、照姬、青瞳；"豪华派"有月之宴、翡翠殿、不夜城锦、玛瑙殿；"可爱派"有稚儿姿、熊童子、吉娃娃、玫叶兔儿、狗奴子麒麟，等等。

良好的开端是成功的一半，麦琪不满足于种植单一品种，棕竹、玉树、碗莲、百日草、栀子花、风雨兰、太阳花等花花草草相继在她家的阳台安了新家。每天下班回来，麦琪不是给这株浇水就是给那株施肥，不是修剪多余枝叶就是拍照留念，她忙得不亦乐乎。

周末，一杯清茶，一本书，一段音乐，抬眼是花影，低头闻书香。不觉间有些困意，梦中传来咿咿呀呀声，侧耳细听，原来是花朵们争宠的声音，麦琪抿嘴一笑，整个房间香气四溢。不过棕竹不幸夭折，她一度懊悔不已，没舍得把空花盆处理掉。一天，麦琪突发奇想，买回韭菜籽，撒于空花盆内，每天早晨一起床就观察盆内是否有动静。那些菜籽仿佛与她较上了劲，转眼一周过去，土色依旧；再隔数天，盆中有点点绿意萌出，仔细一看，头发丝似的小苗娇娇嫩嫩。一天、两天……盆里已是郁郁葱葱，但叶片细小，像一根根如向天空刺去的绿针，抚上去柔软可爱。

韭菜长势快，没过多久就足有六七寸高，麦琪用剪刀贴着泥土表皮将韭菜割下，兴高采烈地收获第一批劳动成果，用清水洗净切段，做成了韭菜炒鸡蛋。此后，每隔些日子，她准能吃到自产的环保韭菜。

从养花种草发展到"阳台经济"，麦琪探索出一套赏心悦目的生活模式，再也不用担心一个人独处时产生孤独感。母女电话交流时，麦琪俨然一位花草种植专家，远程指导母亲如何照料它们，惹得母亲连恨自己太不上心。

音乐在细胞内轻轻流淌

01

小敏五官精致，长相甜美，身高适中，体态微丰。人如其名，小敏思维敏捷，反应迅速，性格开朗，人缘好，与同事、朋友相处融洽，有她在的地方，总是一片欢声笑语，气氛轻松活跃。

小敏有一大爱好 —— 听音乐，尤其是在独处时，她会完全陶醉在由音符组合而成的艺术世界里。古典的、现代的、通俗的、流行的，她都听得津津有味，朋友戏称她是一个"音乐大全"。如此雅号，小敏很受用，偶尔还会给朋友讲一讲音乐圈里发生的奇闻逸事。贝多芬、莫扎特、肖邦、柴可夫斯基等音乐家，我们耳熟能详。捷克音乐家里奥斯·杨纳杰克，想必许多人闻所未闻，小敏却是他的铁杆粉丝，关于他的美谈佳话，早已了然于胸。

在一次聚会中，大家酒足饭饱，要求小敏讲点关于艺术家们的煽情故事。在酒精的刺激下，小敏两腮红润，娓娓道来。

里奥斯·杨纳杰克在六十三岁时，认识了小他三十八岁的古董商之妻卡蜜拉，两人一见钟情。他俩的故事也因此同勃拉姆斯和克拉拉、柴可夫斯基与梅克夫人比肩荣登音乐界的"浪漫经典堂"。

里奥斯·杨纳杰克生于 1854 年，从小在教堂或修道院里的唱诗班唱歌，耳濡目染，学会了弹管风琴，之后便在布拉格管风琴学院和国立师范学院接受正规音乐教育。毕业后，他开始到世界各地旅行，这段时期增长了许多音乐知识，后回到故乡，成为摩拉维亚州布尔诺省的管风琴手和教师。不久后他爱上了自己的学生舒兹娃，二十七岁时娶了当时只有十六岁的舒兹娃为妻，不过这段婚姻并不美满。

一次意外邂逅，杨纳杰克对这位年轻漂亮的吉卜赛女郎深深着迷，向卡蜜拉展开爱情攻势，并明确表示不会介入她的家庭。吉卜赛女郎素以热情著称，面对杨纳杰克缠绵悱恻的情书和盛情邀约，卡蜜拉报之以李，经常陪他参加各种宴会和音乐会。七十四岁那年，杨纳杰克因冒雨寻找卡蜜拉的儿子，高烧不止，一病不起，最后死于肺炎。从认识卡蜜拉到离开人世，杨纳杰克一共给卡拉蜜写了七百多封情书，更令人惊讶的是，杨纳杰克在病魔缠身时，仍不忘用情书表达自己对情人炽热的爱。杨纳杰克的死对卡蜜拉打击很大，她终日郁郁寡欢，但她对两人之间的情事守口如瓶，从不在外人面前多提半句。

杨纳杰克死后，好友在为《青春》四重奏撰写唱片解说时，将跳跃的小音符形象地比喻成一群小孩拿着小旗子在五线谱上雀跃，这份激情与杨纳杰克写给卡蜜拉的情书一脉相承。音乐学者奥达卡尔萧烈克说，

《青春》第一乐章是在表现初识卡蜜拉的印象，可谓惊艳与挣扎并存；第二、三乐章表达的是两人相处时的愉快回忆；第四乐章的快板，夹杂着对这段爱情的惶恐。

可以想象，一个知天命的老头，能写出数百封情书，本身就是惊心动魄的事……讲到这里，小敏眼光迷离，情绪似乎有些失控。

大家及时岔开话题，小敏才渐渐平静下来。聚会结束，闺密送她回家，小敏照例戴上了耳机。霓虹朦胧，春夜醉人，闺密把耳机从她耳朵里取出，说："夜色如此妖娆，我们边走边聊，岂不美妙？"闺密的话很诗意，小敏没有附和，只是淡淡地说："在这座繁华的大都市里，工作生活很充实，我从来不相信孤独会与自己联系在一起。事实证明，我是孤独者的一分子，无数个日日夜夜，我曾挣扎在孤独里，而音乐可以解忧，有它陪伴，我即心安。"

小敏的话，颠覆了闺密先前对她的所有认知，她脸上写着"不可思议"，停下脚步，看着小敏。小敏哈哈一笑，声音如往常一样润朗，挽起闺密的胳膊，消失在道旁的暗影里。

心理学认为，性格内向、自闭的人容易产生孤独感，小敏性格外向，开朗活泼，按说不会出现这种情况。开朗活泼是人的外在表现，孤独是内在感觉。性格外向者产生孤独感的概率，相对性格内向者而言要低，二者既矛盾又统一。小敏属于外向型孤独者，她喜欢表现自己，活跃气氛，给大家带来快乐，以此对抗孤独。当独处时，潜意识需要寻找"人的声音"，音乐也就成了她的忠实伴侣。

02

音乐是一种抽象、丰富、细致入微的语言，作用于人的听觉系统，能转移听者的注意力，使听者的情绪发生变化。中国头号教书匠孔子在齐国听到《韶》乐时，完全沉浸在乐声里，竟然三个月不知肉味。儒家倡导的"六艺"中，音乐排在第二。古人对音乐的理解远远超出我们的想象范围，他们甚至总结出了音乐与社会的关系，即"治世之音安以乐，乱世之音怨以怒，亡国之音悲以哀"。

三国时期，有位才子名叫嵇康。嵇康自幼聪慧，博览群书，长大后一表人才，引起曹魏皇室的青睐，经媒人撮合，娶魏武帝曹操的曾孙女为妻，拜官郎中，授中散大夫，世称"嵇中散"。司马氏掌权后，嵇康心怀幽愤，隐居山林，拒绝出仕，与阮籍、山涛、向秀、刘伶、王戎、阮咸六位文学艺术家组成小团体，过起自娱自乐、两耳不闻身外事的逍遥生活，世人称七人为"竹林七贤"。这期间，音乐曾是嵇康排遣孤独的重要方法，也让他在音乐中得到心理补偿。

嵇康是名人，能产生名人效应。心理学上有"名人效应"一说，即利用名人引起大众注意，强化事物或事件的影响力，比如名人代言某产品，刺激消费；名人出席慈善活动，刺激社会对弱势群体的关怀；典故"东施效颦"，也是由西施的名人效应引起的。嵇康有利用价值，司马家族请他出来做官，同样在打名人效应这张牌，希望其他人以他为榜样，收买曹魏一党的心。嵇康看透雕虫小技，拒绝了司马家族。司马昭找借口把嵇康杀了，嵇康时年四十岁。嵇康淡定从容赴死，在孤独中将《广陵散》弹奏成千古绝唱。

孤独的法国思想家、文学家罗曼·罗兰一生与音乐结下不解之缘。他小时候病魔缠身，害怕死去，莫扎特的一支优美旋律，如母亲般彻夜安抚他那颗幼小而恐惧的心。后来，当他在孤独中怀疑人生，对未来产生绝望时，贝多芬的《命运交响曲》让他重新怒放出生命的花朵。他曾透露，"每当心力交瘁，我就坐在钢琴前，沉浸在音乐中。"可以说，音乐是罗曼·罗兰孤独时最为暖心的语言。

03

喜欢听音乐的人，大多处在孤独之中，他们如同在黑暗中寻找阳光，希望回到岁月静好的生活。我认同这种说法，细细斟酌，虽有宿命论成分，但也契合孤独者当时的心情。

我手机中储存的音乐基本以古典音乐为主，流行歌曲很少且以温暖为基调。在我看来，古典音乐与流行歌曲大有区别，若把二者比作书籍，古典音乐就是司马迁的《史记》，用词简洁，惜墨如金，如诗一般极富美感，无论舒缓还是激昂，都能给予我想象空间，在不知不觉中帮我修复干涸的心灵；流行歌曲则酸酸甜甜，味美可口，近似于金庸的武侠小说，一看即懂，不用思考，虽有酣畅淋漓之感、快意江湖之趣、仗剑走天涯之意，但合上书本，回到一个人的江湖里，看着身边熟悉的物件，内心空落落的。

喜欢听古典音乐，不代表古典音乐一定比流行歌曲好，不同的人对音乐的理解有所不同，喜欢的音乐类型也有所不同，有些人听流行歌曲，照样能释放身心、缓解压力，达到排遣孤独的效果。不过，我认为有两类歌曲应绕道而行：其一，伤感的，越听越凄惨，越听越孤单；其二，校园民谣，每一首歌似乎都是一段痛苦的回忆，只会破坏我们美好的纯真，让往昔经历如伤口般在孤独中发炎，又如荆条般反反复复抽打我们不眠的记忆。

留一段文字温暖自己

01

"粉红半边莲"在个性签名档中这样写道:"孤独如同情人,我在爱恨交织中拥抱它的纯真。"现实中,我不认识"粉红半边莲",我与她是在某社交平台上偶然遇到的,我被网名中的"半边莲"吸引,遂翻阅她空间内的文字。我幼时跟随祖父学得一些中医基础知识,认识些草本,半边莲是一味中药,把它连茎带叶一同捣碎后敷于伤口上,具有消肿的功效。根据她的网名和文字判断,这个叫"粉红半边莲"的陌生人,应该是位有故事的女性。

"粉红半边莲"留下的文字较随意,大多以记录生活和心情为主,有时三言两语,有时千余言。读她的文字,不觉枯燥更不会有味同嚼蜡之感,反而能感受到一种空灵的诗意美。比如,她写:"今天逛街,发现了一条碎花裙子,简约朴素,让我一下子嗅到大自然的味道,尽管不适合我,还是买回来了,用来装饰我的梦,让我披星戴月返回故乡,亲吻那些盛开在草地上的无忧无虑的童年。""男同事很小气，根本不懂得怜香惜玉，继续过你的单身生活吧，哈哈。""享受独处的方式，除了自省、直面自我、与自己对话、全身心投入自己喜欢的事情外，还有一个重要方法，便是读书，而读书太费眼力，我不想人未老就提前戴上老花镜，听书是不错的选择，有时听着听着睡着了，简直是浪费资源呀。"

感念文字提供机缘，一个愿意分享，另一个愿意倾听，我关注了"粉红半边莲"。她很用心，把网络空间当成精神家园，几乎每天都更新，而我每篇必看。看多了，看久了，透过文字，品出些孤独的味道。我多次留言，试图与她交流，她视而不见，我就给她发私信，说："读你的文字，很享受，你孤独吗？"

一时未拿捏好表达方式，让"粉红半边莲"产生误会，直接伶牙俐齿回了我一个"滚"字。唉，"我本将心向明月"，岂料遭到语言暴力，不怪她不留情面，只怪咱表达拙劣。你让滚就滚，多没面子，我没因"滚"而离开，闭上嘴巴默默观赏。

"粉红半边莲"又更新了，她说：

"昨晚，刚准备睡觉，菲菲打来电话，向我诉说，她失恋了。听后，我内心不是滋味。菲菲是我的好友，比闺密稍微远一点儿，比一般朋友要近一些。菲菲喜好素颜，与靠微整形、胭脂粉黛、衣着打扮的美女相比较，丝毫不落下风。

"在我看来，对每位行走在爱情中的人来说，失恋着实心痛，但未必是件坏事，至少证明双方不合适。恋爱如同琴瑟和鸣，能同在一个频率上，演奏出天籁之音，才是美好的爱情。一个人跟不上另一个人的节拍，便会出现不和谐的音符，说明两个人缺乏默契，不宜交往下去。

"当初，她向我宣告恋爱的消息，凭直觉，我并不看好，提醒她慎重对待，菲菲没听进去，现在果真栽在对方手里。

"同许多惧怕'二十七岁定律'的女性一样。菲菲在过完二十七岁生日之后，恨嫁的心扑面而来。起初，她按照对理想情郎的要求，用近乎严苛的方式审视出现在身边的男士。她很失望，对方不是这里不达标就是那里不匹配。

"人不可能没有小瑕疵、小缺点，完美无瑕者是大理石雕像，菲菲自我反省，降低标准，哪料剧情反转，与她接触的男士似乎都在挑她的茬儿、找她的不足，不愿与她牵手，开展一段波澜不惊的爱情。'我很作吗？'菲菲再反省，答案是否定的。她再降标准，还是无法告别单身，降、降、降……一降再降，菲菲最后把对未来伴侣的标准降到只要四肢健全，耳不聋嘴不歪眼不斜，走在大街上不流鼻涕、不淌哈喇子就行。姐妹们戏谑，你这不是找伴侣，是在玩老鹰抓小鸡的游戏。菲菲笑而不语。尽管降到抓壮丁充新郎的份儿上，上天也未被她的诚心感动，依旧不肯为她的爱情点一盏绿灯。三十岁的门槛，说迈过就迈过，相亲对象却换了一个又一个。

"好在菲菲有一股屡战屡败、屡败屡战的勇气。一次聚会上，她遇到一个IT男，对方叫'帅'，长相与'帅'字毫无关系。那天，IT男少言寡语，穿着还算得体，菲菲对他的第一印象谈不上好也谈不上坏。

"今天中午我早早吃过饭，乘地铁再转公交去看她。菲菲眼皮红肿，满脸憔悴，对我着重强调道：'至今我还清晰地记得，见过他第一面后，就没想着再见第二面。'然而，爱神很调皮，跟菲菲开了个玩笑，悄悄把二人系到了一起。

"一周后的周末，菲菲正在收拾工作台上的文件，准备下班。微信出现提示音，是IT男发来信息，邀请她晚上一起吃饭。菲菲没在意，离开公司，不知道接下来的时间要如何打发。她独自回到住处，感到一个人空落落的，好孤单；但是不回去，又能去哪里？思忖间，IT男的信息又来了，只有一个大大的问号。

"菲菲略作犹豫，回复了'好吧'二字。两人定下见面地点，有了第一次约会。IT男的出现，让菲菲的生活有所改变，至少下班后不再形单影只，他们共进晚餐，一起看电影，一起爬山郊游……重复着恋人们必然会经历的种种程序。

"随着交往的深入，IT男渐渐现出原形，不修边幅，穿着随便。菲菲善意提醒，IT男低头玩游戏，假装没听见，依旧我行我素。

"尴尬发生在昨晚的晚餐时间，两人当时正在吃饭，邻桌的一位女士绕过IT男，低声对菲菲说：'你男朋友身上的汗臭味太冲了，熏得我女儿很难受，你能和他调换一下座位吗？'可想而知，菲菲听到这话，该是多么无地自容。

"离开餐厅后，菲菲完全崩溃，给IT男下达了'彻底整改令'，必须做到清清爽爽、干干净净。IT男强势反对，振振有词。菲菲蒙了，呆呆地站在那里，看着他怒气冲冲地离去。

"菲菲说完，心情有所好转，拿纸巾拭去眼角的泪痕，说：'失恋，我能接受，他本来就是过客，只是在特定时间内帮我驱赶了孤独。我真正伤心的是，没有人陪伴时真的好孤单。'

"菲菲讲出了爱情的真相，她根本没对 IT 男心动过，只是在享受身边有人陪伴的感觉。"

这是一个都市女子以恋爱为遮掩，实际上是害怕孤单而找个人一起消磨时间的故事。本来可以就此结束，"粉红半边莲"又说道："我曾经被孤独折磨过，是那种寂寞得说不出口又无法安心的折磨，那时我迷失在孤独里无法自拔，当我尝试着坐在电脑前，写出自己的感受后，心情舒畅了许多。于是，我开始坚持下去，渐渐喜欢上这种自我交流的方式。现在，我喜欢这份宁静，不因寂寞也不因不合群。独处时，我卸下伪装，还原真实的自己，在舒缓柔和的音乐声中，想怎么写就怎么写，想怎么表达就怎么表达，虚拟世界里，没有人知道我是谁，也无须向谁介绍我是谁。与好友菲菲相比，我是幸运的，与其找个不爱的人告别孤单，我宁可坐下来，守住文字带来的温暖！"

"粉红半边莲"用一个大大的感叹号，结束了这篇心情日记。一个孤独的人，写另一个人的孤独，二者的结局大相径庭。"粉红半边莲"用孤独滋养心灵，而被她称为菲菲的好友还挣扎在痛不欲生中。

02

　　孤独的本质是空虚，空虚是由心理得不到满足而产生的负面情绪造成的，写日记有利于宣泄情绪，也是"粉红半边莲"一直坚持写日记的原因吧。人具有群居性，必须参与社会活动，有些人主动适应，有些人被动适应。

　　主动适应者善于变通，能巧妙融入团体、组织中，与内部成员关系融洽，偶遇不顺心的事，逆向思考或换一个角度去看待，就释然了，基本不会出现负面情绪，即便有，也会通过其他途径很快发泄出来。被动适应者，如同害羞的小脚女人，被人从背后推着扭扭捏捏地走上社会大舞台，他们常常以自我为中心，"我"认为该怎么做就怎么做，当事态与"我"相悖和未达到"我"的预期效果时，内心虽不满，但又不愿当众表达自己的想法，则会引发心情的波动，出现负面情绪。由于这部分人不擅长自我疏导，负面情绪越积越多，在自己周围竖起一道墙，把自己孤立在里面，孤独便顺理成章地出现。

　　负面情绪通常并非由事物本身所引起，而是由对事物的看法引起的。改变对事物的看法，并把自己的意见表达出来，可以达到修复情绪、远离孤独的目的，写日记恰好提供了这样一个平台。

　　储存在人脑里的想法和情绪在意志的作用下，经常变得模糊不清。写日记就是把想法和情绪符号化地呈现在我们面前，让我们获得成就感和满足感。这种转换，能有效调节情绪，让人变得安静、坦然，不再有孤独感。

日记是自言自语，真实、自由、诚恳，作为宣泄情绪的基本途径，需要恒心与耐力，对长期存在孤独感的人有所帮助，"粉红半边莲"坚持每天更新个人空间，把写日记当成一种习惯，在我看来是坐在电脑前享受孤独。

世道太繁杂，欠我们一个美好承诺，当主动驾驭独处后，它就会以时间、空间做补偿，所谓孤独，形同虚设。对于偶尔出现孤独感的人，可根据实际情况对生活日常进行记录，大可不必每天坚持，时间很宝贵，分分秒秒不容浪费，要把它用在更有价值和更有意义的事情上。当然，喜欢写日记的人并非都是孤独者。

一个人的电影时光

01

　　作为女性，一位牵着爱人小手的男性让你眼前一亮，似曾相识的感觉猛然袭上心头，你该如何抉择？相信大部分女性不会泄露心中的秘密，会装作漠然的样子与那人擦肩而过，或"和羞走，倚门回首"地望一眼，而在电影《法国中尉的女人》中，莎拉勇敢地站出来，向查尔斯的情人发出"挑战"。

　　影片中，莎拉孤独地站在防波堤上，脸色苍白，海浪拍打着海岸，风吹动她的一身黑衣，她的眼睛紧紧盯着慢慢走来的查尔斯和欧雷斯蒂娜。莎拉是一个家庭教师，身上有维多利亚时代女性的羞涩、顺从和恬静等特质，同时兼具那个时代女性身上少有的激情与勇气。她站在那里，意图很明显，就是想让欧雷斯蒂娜知道，查尔斯不属于她。当然，对查尔斯而言，莎拉迷一般地闯入他的生活，不是好兆头，给他的婚约点亮了红灯。

人有时很邪乎，明知罂粟是恶之花，却偏偏去碰触它，查尔斯也不例外，和欧雷斯蒂娜解除婚约后，不但不恨莎拉，反而顶着身败名裂的帽子，追随莎拉，而莎拉却迷一般地消失了。这个女人很不一般，既纯洁又堕落，既真诚又虚伪，既迷人又可恶。防波堤上，莎拉是在为自己的人生下一次赌注，这个人未必是查尔斯，但恰好查尔斯出现了。在查尔斯看来，她另类、有思想，像生长在崖畔充满野性的花儿，撩得他心神荡漾。同样，查尔斯也让莎拉怦然心动，认定他就是能读懂自己的人。再换个角度思考，这场一见钟情，查尔斯像鱼，莎拉则是鱼饵。宿命不可违。

其实，可以把每个未走进婚姻城堡的女人都看成防波堤上的莎拉。她们在正确的时间里遇到自己的另一半，爱情便如火山般在心底爆发，外在的表现形式因性格的不同而各异；而在错误的时间里错过牵手一生的男人，她们会选择沉默，直到对方再次出现，有时甚至沉默一生。

看过《法国中尉的女人》，心中多少有些遗憾，查尔斯与莎拉终成眷属显得太俗套，本来他们之间还应该有更多的故事，应该让观众自己去猜测结局，可惜导演多此一举了。《法国中尉的女人》是由英国作家约翰·福尔斯的同名小说改编而成。据说，福尔斯设计了三个结局。第一个结局为查尔斯与迪娜结婚，过着幸福生活；第二个为本片结局；第三个，查尔斯向莎拉求婚，遭到拒绝，理由是婚姻会剥夺她的自由，她决定终身不嫁。

我倾向于第三种结局，他们之间发生了太多意外，为了爱，莎拉不惜背上"娼妇"的骂名。种种变故使她顿悟，爱情是心里装着一个人，肉体的结合不是唯一选择，前提是他们之间不属于柏拉图式的精神恋爱，同时也不是《纯真年代》里艾伦的逃脱，《茶花女》中玛格丽特的永远诀别，《安娜·卡列尼娜》中安娜的卧轨殉情……她只想享受爱情的过程，不想用家庭为爱情画上句号。

《法国中尉的女人》是我第一次独自去电影院看的影片，对我而言具有非凡意义，时隔这么多年，一直记忆犹新。那时的我与现在一样喜欢独处，孤独之际溜出家门，信步进入电影院，在昏暗中摸索着找到座位，没空在意身旁坐的是谁电影就开始了。由于身边缺少结伴观影者，我很快就沉浸在故事情节中，与主人公产生共鸣，全然忘记自己是位内心孤独者。有了这次美妙体验，我喜欢上一个人看电影，每至大片席卷而来，我总在某个时间段出现在电影院的某个座位上。

网络上流传着一张"孤独等级表"，那张表把孤独分为十个等级，一个人去看电影位列第四。如此煞费苦心地进行排列，我对此不置可否，嘴角略带一丝笑意，轻击鼠标，随它而去。

02

电影集美术、文学、音乐、摄影、戏剧等多种艺术形式为一体，以刺激视觉、听觉的形式展现在银幕上，是人们喜闻乐见的艺术形式和消遣方式。去电影院看电影的几乎都是三三两两的朋友、亲人或卿卿我我的恋人，一人去电影院的除非是真正的电影迷，一般单独者实在少见。

　　同样是独自进行的行为，为什么独自去超市购物比一个人去看电影显得更容易？两件事情的区别在哪里？其中原因到底是什么？

　　单独购物，我们默认为生活常态，许多人都认可；大多数人选择与朋友一起去看电影，独自看电影，会感觉不自在，显得另类。购物是一种积极的行为，许多人陶醉在琳琅满目的货品中，不会出现不知道干什么的尴尬局面；一个人看电影，无人可与自己分享感受，而其他人却有同伴交流。单独购物是件必须要做的事情，没有必要非得从中得到快乐；看电影的目的是放松心情，获得快乐，独自一个人去，心理上难免有不舒服感，可能享受不到看电影的乐趣。

　　通过对比，可以发现，购物的过程中有事可做，而电影放映之前有一定的空余时间，在这段时间内，独自一人无事可做，总会觉得别扭，总觉得别人在用异样的眼光盯着自己。这也许是许多人不愿独自一人看电影的原因，心理学上将其视为自我设置行动障碍。

　　如此问题，不难解决，增强自信是先决条件，另外可以采取一些预防措施填补空余时间。例如，带上书籍或杂志，利用这段时间安心阅读，条件许可的话，最好看一些与电影或导演有关的资料，对深入理解电影大有好处；别把注意力放在自己身上，做一位旁观者，留意周围的人，但别逮着一个人紧紧盯着，这是不礼貌行为；看朋友圈或通过社交软件与朋友聊天等种种方式，都能缓解独处时产生的心理压力。

　　米粒儿曾有一个唯美的想法，一生只爱一个人，和他白头偕老一辈子。大学毕业后，她和男友进入同一家公司，不料走着走着，两人走散了，消失在茫茫人海中。失恋后，按米粒儿的话说，一辈子的痛苦全都集中在一个时间段爆发出来，孤独像一个调皮又贪婪的小妖精，穿越她的灵魂，啃噬她的骨头，吸食她的骨髓，痛得她彻夜难眠，那时的她比坠入十八层地狱还凄惨。同许多失恋者一样，米粒儿怀念与男友相处的点点滴滴，她独自去两人经常去的街边小吃摊，去郊区看两人一起植下的树，去两人曾一起看过画展的展览馆。总之，与男友曾去过的地方，她都走了一遍，希望男友也在同一时间点奇迹般出现，两人破镜重圆，然而她的一厢情愿被失望无情掩盖。

男友是电影迷，每当有大片、新片，他必不缺席，米粒儿在他的影响下也喜欢上了看电影。她每次去电影院，都会特意买他们常坐的位置，她在昏暗中静静等待，渴望等来熟悉的身影。第一次独自看电影，男友常坐的位置上坐着一个女生，女生的旁边是一个男生。电影开始后，这对情侣紧紧黏在一起，腻得她失去看下去的勇气，影片播放不到一半时，她早早离场，流着泪，吞着寒气，发着不再看电影的誓言，一路艰难地走了回去。

鬼使神差，米粒儿违背了誓言，一次、两次、三次、五次，她从特意选位置到随意坐再到转移电影院，米粒儿喜欢上了独自看电影。

现在谈及过往经历，米粒儿说，人生旅途中，不值得为某一个人坐在同一个位置上苦苦等待，对方若是你的真命天子，即便你不在原地，他也会沿着你留下的足迹一路踏波而来；如若不是，等来又有何意义。

她现在热衷独自看电影，看的不是孤独与寂寞，是一份超越自我和享受闲情雅致的心情，至于别人如何看待她独自看电影，那是他们的事，与她无任何关系。

是的，我们不能自私地活着，也不能活在别人的眼光里。喜欢一个人看电影，让人更加懂得如何把生活过得更精彩，因为这样做能培养独立思考的能力，不必依赖他人给出建议；喜欢一个人看电影，让人更加懂得用软性方式舒缓压力，因为这样做能在潜移默化中提升心理素质；喜欢一个人看电影，无形中能提高专注力，因为剧中角色的一举一动，场景里的一草一木、一片花瓣、一滴水，并非无故摆设，需要你心无旁骛，才能挖掘出其中隐藏的意义。

爱上单人运动

01

"生命在于运动"，简单六个字，揭示了生命活动的基本奥义，对增强体质、消除疲劳、保持健康大有益处。运动分为有氧运动和无氧运动两个种类，形式多种多样，如游泳、跑步、打球、瑜伽、骑行等。简言之，按照一定步骤和规律，让自己动起来，都属于运动的范畴。有意思的是，似乎一切非团队合作运动的终极都射向孤独的靶心。这里，不能武断地做出结论 —— 所有运动者都是孤独的，而运动的过程更不折不扣是孤独的。

白烨是一个自由职业者，主要从事创意设计工作，经他设计的产品，风格独特，夺人眼球，客户非常满意。

创意设计属于脑力劳动，需要人精力充沛，大脑时刻处于清醒甚至亢奋状态，才能创作出优秀作品。白烨能赢得客户的认可，与他的良好习惯密不可分。

他住在城乡接合处，家附近有一条河自市中心一路缓慢流来，无论雨季还是枯水期，流速总不紧不慢，像一位老者在给每一位光顾的人讲述这座城的历史。近年来，市容市貌升级改造，河两岸古色古香，诗情画意，一条塑胶跑道跟随河流一路向前延伸。白烨没工夫把自己塑造成体育健将，适当运动，可以强健体魄，属于必修课。

每至灵感枯竭，内心烦躁，他从来不勉强自己坐在电脑前挤牙膏般地进行"涂鸦"。按他的话说，从事创意设计，挤牙膏般一点点生拉硬拽出来的作品，缺乏生命力，会给人老气横秋的感觉，无法在竞争中脱颖而出，优秀的、让人眼前一亮的创意，往往是瞬间构思出来的，有了想法再结合对方的实际需求，进行调整、修改、润色。

江郎才尽，无心设计，怎么办？白烨换上运动装，冲出家门，去河边的塑胶跑道上跑步。春去秋来，花落花开，他没计算过跑了多少次，遇到过多少人，在熟悉的风景里发现了多少新意，也从不以争强好胜的姿态与某位跑者较劲。他按照习惯的步伐，跑自己脚下的路，有时听着歌，有时沉思，有时什么也不想。累了，就坐在道边的长凳上，看云卷云舒，听垂柳细语，赏波光潋滟。待到呼吸匀称了，再次启程。跑着跑着，可能灵感突然迸发，一个美好创意也就应运而生。白烨说："当我汗如雨下，浸透衣衫后，再辅之做一些俯卧撑，倍觉神清气爽，浑身通透，回到家里，冲个热水澡，精气神处于'满血'状态，重新坐到电脑前，还有什么创意设计不能搞定呢？"

其实，跑步是一项封闭式运动，篮球、足球需要队友配合，羽毛球、乒乓球要与对手互动。跑步者留下的运动轨迹便是一条跑道，跑步者停下脚步之处便是终点，期间不需要与人配合，不需要与人互动，唯一的伙伴只有自己，纵然有跑友陪伴，你依然是你，我依然是我，步伐频率只由自己掌握。

英国作家艾伦·西利托出生在贫微的工人家庭，读完小学后他不得不放下书本，为生计而去打工，他一边工作一边写作，成名作《长跑者的孤独》，描写了一位在儿童教养院长大的少年坚持长跑的故事。其中写道："我已经超过了那些被汗水和尘土渍黑了背心、经过初赛出线了的选手，我已经隐隐约约看见前方被栅栏圈住的杂木林的一角。那儿，有人正在全力接近半程点，他是我要取胜就必须超过的最后一个人。见鬼！他的身影很快淹没在丛林之中，看不见了，我的视野中，一个人都没有。我也开始尝到越野长跑运动员孤独的滋味。无论别人怎么说，在我的感受中，只有这孤独感才是世上唯一不掺丝毫虚假的诚实，孤独就是我面临的最大的现实！"

村上春树说，跑步时他身处宁静之地。言外之意，跑步是孤独的，也是战胜孤独的强大武器。确实如此，每一位跑步者在奔跑的过程中都要承受精神上的孤独和体能上的考验。跑步是孤独的信仰，你若深信不疑，则承认了孤独；你若一笑了之，就会更加孤独，但孤独与孤独不同，有一种孤独会让你眼前一片灰暗，另一种孤独则会让你静享安宁。

刚开始跑步时，的确很难受，坚持久了，你会惊讶地发现，自己不知何时变得"不合群"，有了自己的想法和追求。这是享受孤独的过程，有时甚至要忍受他人的冷嘲热讽。坚持就是胜利，不能半途而废，跑着跑着，精致的瓜子脸、美丽的蝴蝶背、紧致的腰围、挺翘的臀部、苗条的双腿……全是你的。

02

"海归"柳言目前在一家世界五百强企业上班。出国留学前夕，母亲对她千叮咛万嘱咐，国外治安不如国内好，别随便外出，免得爸妈操心。从小到大，柳言一直以乖乖女的形象示人，世态炎凉让她认识到社会是一个复杂的多面体，有英雄路见不平挺身而出，也有心怀叵测者暗中一路尾随，她严格执行母亲的教诲，学习之余能不外出则不外出，必须外出时就找同学结伴而行。

刚开始，柳言从学校回到住处，能把异国的繁华与新奇关在门外，将恬静简单的生活打扮得有声有色。日子久了，出租房很难让她伸展翅膀，她想飞，做一只快乐的小小鸟，飞遍城市的角角落落，但一想到母亲的嘱咐，她就泄气了，无奈中收拢翅膀。十余平方米，方寸之地，所有摆设物件，她熟悉得不能再熟悉，生活变得枯燥无味，孤独感随心态变化而出现，她深刻体会到"枯藤老树昏鸦，小桥流水人家，古道西风瘦马，夕阳西下，断肠人在天涯"的滋味。

一天，她无意间发现住处附近有一家双语招牌的瑜伽馆，门面不怎么显眼，看到汉字感到格外亲切，柳言控制不住双腿，走了进去。该瑜伽馆是华人开办的，接待她的也是一位华人小姐，那位小姐与她来自国内同一个省。老乡见老乡，倍感亲切，在那位小姐的推荐下，她开始练习瑜伽。

刚做瑜伽时，柳言的身体缺乏柔韧性，很多动作做不到位。比如，向前屈身时，她的脸无法贴到腿上；向后仰时，身体左右摇晃，无法保持平衡，腰像断了一样。柳言产生了放弃的念头，但想到独自一个人待在家里的滋味，她咬牙坚持，一边做一边疼，一边疼一边做。渐渐地，她的身体由抵抗到适应，继而喜欢上这项运动，倘若某一天没做，便感觉身体僵硬，浑身不自在。

一个学期后，柳言离开瑜伽馆，找来相关视频和书籍，开始挑战高难度动作。房间还是那个房间，十余平方米在她眼中不再是方寸之地，是一片无边无际的大世界，她是这片世界的主人，一花一木、一书一笔、一桌一物都有了灵性，学习间隙、做瑜伽之余，她与它们交流谈心，留学生活过得充实而温馨。如今，柳言学成归来，瑜伽是她在业余时间里密不可分的朋友。

对于瑜伽，很多人存在片面认识，认为就是简单的伸展与提拉。其实不然，瑜伽是一项动静合一的运动。动，作用于身体，需要专注与节制，不是随便动；静，安抚心灵，不是关闭思想，而是卸下浮躁与焦虑。练习瑜伽，就是与自己的身体、心灵对话，它就像医生，让人更了解自己的身体，也像老师，让人更了解自己的心理状态，使人变得更加自信，更加热爱生活。

印度"三圣"之一室利·阿罗频多在《瑜伽论》里说："智慧被欲望污染，不再纯洁，它'颠倒'了真理；意志被欲望污染，不再纯洁，它'颠倒'了心理活动。"阿罗频所要表达的，无非是提醒人们练习瑜伽可以修复心灵与意志，让我们回到常态生活中，以感恩的心拥抱生命中的每一天。

作为一种运动形式，瑜伽更适合女性，不需要消耗太多体能。打开你的心，找回自信，孤独再也无处藏身。

因此，孤独是许多人无法回避的现实，尤其是背井离乡在外打拼时，更能体会到个中滋味。在工作的八小时以外，独自蜗居，越来越孤独，有些人在孤独的折磨下，心态严重失衡。根据自身体质与喜好，选择一项单人运动，改变独处的心理状态，让内心充实饱满，无论气喘吁吁还是紧咬牙关，每一滴汗水都不会白流，每一处酸痛肿胀都不会冤枉，它们将转为另一种能量，悄无声息地撑起你的梦想与信仰。